500个万万没想到

奇妙的恐龙

Microfacts!
500 Fantastic Facts About Dinosaurs

Anne Rooney
[英] 安妮·鲁尼 ★ 编

邢立达　刘 畅 ★ 译

华东师范大学出版社
上海

图书在版编目（CIP）数据

500个万万没想到：奇妙的恐龙 / (英) 安妮·鲁尼编；邢立达，刘畅译. -- 上海：华东师范大学出版社，2023
ISBN 978-7-5760-3902-3

Ⅰ.①5… Ⅱ.①安… ②邢… ③刘… Ⅲ.①恐龙－少儿读物
Ⅳ.①Q915.864-49

中国国家版本馆CIP数据核字(2023)第101888号

500个万万没想到——奇妙的恐龙

编　　　[英]安妮·鲁尼
译　　　邢立达　刘　畅
责任编辑　胡瑞颖
责任校对　王　彤　时东明
装帧设计　冯逸珺

出版发行　华东师范大学出版社
社　　址　上海市中山北路3663号 邮编 200062
网　　址　www.ecnupress.com.cn
电　　话　021-60821666　行政传真 021-62572105
客服电话　021-62865537　门市（邮购）电话 021-62869887
地　　址　上海市中山北路3663号华东师范大学校内先锋路口
网　　店　http://hdsdcbs.tmall.com/

印 刷 者　上海昌鑫龙印务有限公司
开　　本　787毫米×1092毫米　1/16
印　　张　19.5
字　　数　146千字
版　　次　2023年8月第1版
印　　次　2023年8月第1次
书　　号　ISBN 978-7-5760-3902-3
定　　价　118.00元（全2册）

出 版 人　王　焰

目　录

恐龙生活的世界和现在的世界不太一样

我们知道，地球上构成大陆的陆地板块一直在缓慢地移动着。

当恐龙们刚出现在地球上的时候，所有的陆地板块都还连在一起，构成了一块超级大的大陆，我们把这片大陆叫作"泛大陆"。（然而我们并不知道恐龙们是怎么称呼它的）

随着大陆板块之间越移越远，生活在不同区域的恐龙们就再也见不到对方，也不能一起生活繁衍了。渐渐地，它们演化成了不同种类的恐龙。

1.5亿年前
梁龙
（北美）

泛大陆

劳亚古大陆

冈瓦纳大陆

现代大陆

2.4亿年前
始盗龙
（阿根廷）

又过了上千万年，泛大陆分裂成了两块大陆，后来又分裂成更多更小一点的大陆。到了霸王龙生活的年代，已经能看得出一些现代大陆的形状了。

6600万年前
霸王龙
（北美）

恐龙
住在沙滩上

一块超级大的大陆中部是非常炎热和干燥的。
由于山脉阻隔了大海上的水汽，内陆
地区很可能连一滴雨都没有。

大部分的动物，包括恐龙们，都生活在更加湿润的
大陆边缘。生活在沙滩上的恐龙诶!

当地球上只有一块大陆的时候，也就意味着世界上只有
一片大洋，我们把它叫作特提斯海。那里面生活了许多海
生爬行动物，还有长得像大乌贼的和住在贝壳里的动物，
以及很多小鱼和鲨鱼。

恐龙的一天比我们的一天短

恐龙时代地球的自转速度比现在快一点点，恐龙们必须在大约23个小时内完成一天当中的所有事情。

这也意味着在同样长的一年内恐龙们有更多的天数，所以恐龙们要在间隔多于365天以后才能等到自己的下一个生日。

最后我要……吃生日蛋糕！

这是约1.6亿年前的剑龙，它的一年要比我们多出10天，也就是375天。

如果地球的自转持续变慢，1亿年后，不管地球上存在的是什么生物，它们的一天都会比我们的一天更长——离自己下一次生日的天数也就更少。

恐龙看到的月亮
比我们看到的大

月球绕地球公转时，月球与地球的距离时而远、时而近，我们看到的月亮也就有时小一些，有时大一些。但月球转着转着渐渐地远离了地球，所以在很长一段时间里，月亮看起来越来越小。

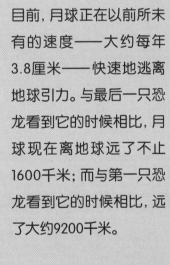

快看！从来都没有这么近过！

目前，月球正在以前所未有的速度——大约每年3.8厘米——快速地逃离地球引力。与最后一只恐龙看到它的时候相比，月球现在离地球远了不止1600千米；而与第一只恐龙看到它的时候相比，远了大约9200千米。

恐龙的世界
又暖和又舒服

现在的人们都很担心气候问题，但是恐龙的世界比现在的世界还要热上许多——我们不可能在那样的世界里生存下来。

三叠纪时期，第一只恐龙出现的时候，全球平均气温大约是30℃，水里的温度甚至更高。

当时，大海的温度大约是40℃，就像一个温暖的大澡堂。这是亿万年来最热的一段时间了。

有人看到我的防晒霜吗？

艾雷拉龙

如今，全球的平均气温保持在令人舒适的范围内，海洋表面温度也比较适宜。

有些"恐龙"根本就不是恐龙

许多恐龙模型玩具里都有异齿龙——但异齿龙根本不是恐龙。它生活在2.95亿年—2.72亿年前,也就是说,在第一只恐龙出现之前,它就已经绝灭了。

在恐龙出现之前,地球上生活着其他的爬行动物,其中有下孔类和主龙类动物。

它们是强壮的两栖动物,腿像鳄鱼一样长在身体的两侧——而恐龙的腿生长在身体的正下方,和大象、鸵鸟一样。

我可不是恐龙噢!

异齿龙属于下孔类,比起恐龙,它们与哺乳动物的联系更加紧密。

恐龙们不吃水果

因为当时没有水果，或者说，没有像苹果和草莓这样的会开花结果的植物——恐龙时代的植物都还没演化出这种功能。

它们也不能在草地里打滚，因为当时根本没有草。大多数恐龙也闻不到花香，因为要等到白垩纪（约1.45亿年—6600万年前）才有花的出现。

白垩纪时期才出现橡树、枫柳树和木兰树等树木，在此之前，植食性恐龙就只能嚼蕨类、苏铁、银杏和针叶树了。

针叶林

三角龙可以享用鲜花盛宴，梁龙却只能对着树叶子发呆。

蕨类

银杏

恐龙们能从澳大利亚走到南极洲

8500万年前，澳大利亚和南极洲之间只隔了一个峡谷。

雷利诺龙

虽然现在已经变成了化石，但当时的恐龙们可以通过这个峡谷在两地来回穿梭，其中就包括了体型和火鸡差不多大的洪奔龙，还有长着长长尾巴的植食性小恐龙——雷利诺龙。

如今，南极洲已经成为了终年冰雪覆盖的极寒之地，连一棵树也没有。要知道，在恐龙生活的年代，那里曾暖和得多，连接南极洲板块和澳大利亚板块的峡谷曾经还可能是一片郁郁葱葱的森林。随着时间流逝，澳大利亚所在的陆地板块逐渐向北移动，气温也逐渐升高。

洪奔龙

恐龙也会被雨淋

你所见过的图片里的恐龙，可能大都是沐浴在阳光下的，但在它们存在的1.65亿年里，它们也不是一直能晒太阳的。尽管当时的气温比现在要暖和许多，它们还是要面对刮风、下雨、大雾、冰雹的天气。

有没有好心的龙能发明个雨伞啊？

许多恐龙拥有羽毛，或者和羽毛相似的结构，可以用于保暖。另外一些恐龙的皮肤表面覆盖着一层鳞片，可以避免被雨淋湿。但并不是所有的恐龙都那么幸运，像梁龙那么大的蜥脚类恐龙，是没有办法躲到山洞或者地道里的，也没有长鳞片，无论刮风、下雨、大雾还是艳阳天，它们都只能站在野外。

不是所有的恐龙都生活在侏罗纪

几乎所有人都听说过侏罗纪公园，"侏罗纪"这个词也和恐龙紧密联系在一起，但还有很多恐龙并不生活在侏罗纪。

地质学家们把地球演化历程分成了很多个时期，恐龙们曾生活在其中的三个时期——三叠纪、侏罗纪和白垩纪。

三叠纪

艾雷拉龙

第一只恐龙出现在三叠纪早期。它们体型相对较小而且十分灵活，和许多其他动物们一起生活在地球上。

侏罗纪

到侏罗纪时期，恐龙真正占据了地球的统治地位。它们数量庞大，而且其中的一些恐龙变得非常巨大。

梁龙

剑龙

白垩纪

霸王龙

三角龙

白垩纪也是恐龙的鼎盛时期，直到末期情况变得一团糟（见第52页）。

越古老的恐龙
埋在越深的地下

化石以沉积物的形态埋在地下——泥土、沙石、腐烂的植物或其他东西——一层一层地叠在它们之上，一边堆积一边固化。

随着时间流逝，堆积在化石上的东西越来越多，也就是说，越早埋藏的化石被埋在了地下越深处的地方。

已经过了好久啦……

古生物学家有时候会将化石描述成"侏罗纪早期"或者"白垩纪晚期"的化石，但也有时候会说它们是"下侏罗统"或者"上白垩统"的化石。这只是为了对它们存在的时期（早/晚）和地层（上/下）分别进行描述。

在北美洲的中央
曾经有片大海

约1亿年前，如今北美洲所在的大陆被
一片海——西部内陆海道——
分裂成了两块。

在海的一边，如今的西海岸是一片从阿拉斯加延伸到加利福尼亚的巨大的岛屿。而在海的另一边，哈德逊湾把加拿大的东部和中部隔离开来。

在美国东部几乎没有发现任何恐龙——只找到少量骨骼化石。

由于无法跨过海洋，恐龙们在不同陆地上的演化历程变得有些不同。这也是霸王龙和三角龙主要在美国西部被发现的原因。

15

在欧洲，恐龙们曾造访过热带岛屿

白垩纪时期，海平面比现在要高，而欧洲的大部分地区都被淹在了水下。

查摩西斯龙
（罗马尼亚）

沼泽龙
（罗马尼亚)

当时那里只有一些岛屿浮在海浪之上，由于海平面的上升，恐龙们只能被困在这些岛上。

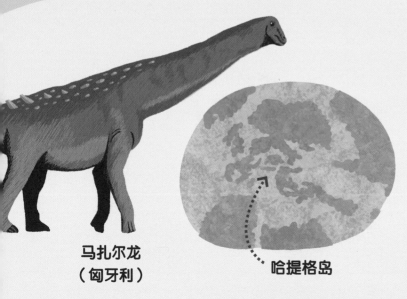

马扎尔龙
（匈牙利）

哈提格岛

其中的一个岛屿叫做哈提格岛，它和另外一个岛之间的间隔大概有200千米，但这对于恐龙来说也太远了。如今，哈提格岛位于罗马尼亚。在这片地区有着独特的恐龙化石，这是因为生活在这里的恐龙们和其他同伴隔绝了，所以它们只能按照自己的方式演化。

美国堪萨斯州也有化石

堪萨斯州位于美国中部，但这里却有着生活在白垩纪海洋里的蛇颈龙化石。

菊石化石

由于大陆板块的移动，一些原来位于海岸的地方最终移到了大陆中心，甚至成为了山巅。

蛇颈龙

地球的表面由一块一块缓慢移动着的大陆板块和海洋板块组成。当两个大陆板块碰撞在一起的时候，它们就"合并"了。有时候大陆边缘会由于受到挤压碰撞而向上抬升，因此造就了山脉。这一处大陆的边缘最初是一片海岸，携带着来自海洋里的化石——记录了当时生活在那附近的生物。

17

恐龙们比我们
拥有更少的氧气

恐龙生活的环境里空气中的氧气含量只有10%到15%，
而今天空气中的氧气含量达到了约21%。

那时候的空气里有更多的二氧化碳，更多的二氧化碳导致了更高的环境温度——这也是为什么如今上升的二氧化碳水平会和全球气温变暖联系在一起。但是恐龙们并不是很在意，它们在演化中适应了这样高的气温，以及环境中更低的氧气含量、更高的二氧化碳含量。

好多好吃的植物呀！

植物的生长需要二氧化碳，所以更高的二氧化碳水平意味着有更多的植物作为食物，和更加繁茂的森林来隐藏自己。

从出现到"统治"世界，恐龙们等了好一会儿

尽管第一只恐龙在侏罗纪早期
就出现了，但它们并不是
立刻就接管了地球。

这个世界还没有准备好被它们统治。对于它们来说，环境温度还是太高，这并不利于它们在世界各地繁衍。而这时，世界还掌握在其他类群的爬行动物、不同的主龙类手里。

波斯特鳄

水龙兽

后来，到了大概1.99亿年前的时候，灾难来临了。大部分的主龙类被各种各样的大灾难从地球上抹去，而恐龙则生存下来接替了它们的位置。

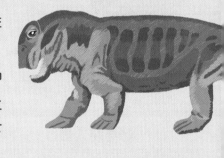

然而并没有人确切地知道那时候发生了什么。其中有一个猜想，认为当时大量的火山喷发改变了大气和气候。

大量物种灭绝的时期被称为大灭绝事件。

派克鳄

恐龙是爬行动物

最早的爬行动物出现在大约3.2亿年前，随着时间的推移，它们演化出了不同的类群。

我们现在也能见到爬行动物，现代爬行动物包括了鳄类、龟类和蛇类。

你要知道我可是很现代的。

鳄类和蛇类在恐龙时期就开始演化了，但是它们和现代的鳄及蛇类不太一样。早期的鳄类主要生活在陆地上，但是它们后来迁移到了沼泽和河里。早期的蛇类是由长着腿、生活在洞穴里的蜥蜴演化而来的。

这可吓人多了！

恐龙其实还存在着——现在我们把它们称为鸟类

生活在6600万年前的恐龙是"非鸟"恐龙，也就是说，它们并不是鸟。

"鸟"恐龙（也就是鸟）是在大灭绝中生存下来的种类。它们很成功地存活到了现在，还在全世界范围内生活和繁衍。

可是它真的很丑啊！

近鸟龙

霸王龙

这意味着鸟类是由爬行动物演化而来的。如果你好好看看它们长着鳞片的脚还有圆圆的眼睛，你就可以在它们身上看到爬行动物的影子！它们和兽脚类恐龙（与霸王龙和伶盗龙外形相似的恐龙）的关系最近。

有趣的化石发现

第一个恐龙足迹化石于1835年在美国康涅狄格州被发现。最初，它们被误认为是巨大的鸟脚印，因为当时人们认为所有恐龙都是四只脚走路的。

1677年，罗伯特·普劳特发表了一幅他所见过的恐龙骨头图，然而他并不知道那是什么。

美国的第一块恐龙化石于1854年在密苏里河畔被发现。

英国科学家威廉·巴克兰在1824年记述了第一只恐龙——巨齿龙。

1809年，威廉·史密斯在英国发现了一块离龙胫骨化石，但他不知道这是什么。

第一件几乎完整的恐龙骨骼化石是1858年在美国新泽西州出土的鸭嘴龙。

第一块三角龙化石于1888年被发现。

长得最吓人的是谁呀？

第一只霸王龙化石于1900年在美国蒙大拿州被发现。

诶嘿！还是我！

梁龙化石于1899年被发现。

1877年，第一只雷龙和第一只剑龙的化石被发现于美国。

我们在化石洞穴里发现了很多东西

我们不仅找到过恐龙身体的化石，我们还找到过保存了恐龙生活痕迹的化石。

遗迹化石保存了动物们留下来的痕迹，其中包括了足迹、尾巴在泥地上拖过留下的拖痕、巢穴和洞穴。

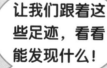

让我们跟着这些足迹，看看能发现什么！

在被风和流水冲刷掉之前，沉积物填充到了留有痕迹的泥或沙地里，这样就形成了遗迹化石。

过了千百万年，沉积物也都变成了岩石，但它们和曾经有着痕迹的岩石并不一样。敲开这些沉积物岩石，我们就能看到遗迹化石了。

我们并不知道第一只恐龙长什么样子

目前已知最古老的恐龙大概是尼亚萨龙，2.43亿年前，它们曾住在坦桑尼亚。

然而古生物学家们只找到了一些脊骨和一根肱骨，所以很难确定它到底是不是恐龙。

但它至少是"恐龙形类"，也就是和恐龙有着相同形态模式的动物。

结合已知恐龙的特点和这只恐龙的骨头大小，科学家们猜测尼亚萨龙身长约有2—3米，而且很有可能用后脚跑步。

最古老的恐龙的50年

尼亚萨龙的化石被发现于二十世纪三十年代，但直到2013年学界才对它有了较准确的描述。

1956年，第一个描述它的人把它当成了一种主龙类。所以，尽管科学家们已经发现了化石，并明确了它的存在，他们却不知道它是恐龙——如果它是的话！

尼亚萨龙

如果尼亚萨龙真的是恐龙，那它比第二老的恐龙要老得多得多，而且还把恐龙演化的时间提前了1200万年。然而最古老的恐龙甚至可能比它出现的时间还要早，在波兰发现的"恐龙形类"足迹可以追溯到2.49亿年前。

培育一只恐龙
并不容易

在小说和电影《侏罗纪公园》中，人们用DNA
（从一只叮过恐龙的蚊子体内提取的基因）
培育出了恐龙。

这只蚊子被保存在了琥珀里——一种从树里流出来的树脂或黏性物质。琥珀确实能将昆虫或其他物质完整地保存几百万年。但是 DNA 并不能长时间地被保存到现在，即使是在蚊子的肚子里也不行。

可是我不想在未来被复活啊！

三角龙

就算我们能够把恐龙复活，它们也很难适应如今较低的气温和富氧环境，而且它们的食物也基本灭绝了。这对它们来说可不是一件值得高兴的事情。

科学家们可能创造出 "鸡龙"

美国的一位恐龙学家正尝试通过逆向工程来创造出现代恐龙。通过改变鸟类的一小部分DNA，来使鸟类拥有恐龙的特征，例如喙里长出牙齿，翅膀变成爪子，或者长出尾巴。

这将会是一个很漫长的过程，因为每次只改变一小段DNA。而最终创造出的也并不是几千万年前的恐龙，而是全新的现代恐龙。

如果这项工程能够成功，那将诞生一种由现代鸟类演化出的，能够适应现在的环境温度、氧气水平，还有着充足食物的全新物种。

这真的不会很诡异吗？！

在缅甸的市场里能 "买" 到恐龙的尾巴

一位中国的恐龙研究者在缅甸的市场里
买到了一块琥珀，琥珀里似乎有一
些古老的植物。

后来学者发现，这些古老的"植物"其实是恐龙的尾巴。它有完整的羽毛，被完好地保存了约9900万年。

这个尾巴的主人体型和小型的鸟类相似，和麻雀差不多大。由于被困在黏糊糊的树脂里没办法逃脱，它很有可能很快就死了。它的尾巴里保存了所有原始骨骼、肌肉、皮肤，以及羽毛。

没有人知道艾雷拉龙到底是不是恐龙

如果艾雷拉龙是恐龙，那它就是约2.31亿年前生活在南美洲的一种早期恐龙。

它身长大概有6米，但身高只有90厘米。它还有一条长长的尾巴。

艾雷拉龙

艾雷拉龙用两只脚跑步，它和其他的兽脚类恐龙一样，是吃肉的，而且和现代的鳄鱼差不多重——像是一种长满毛的鳄类。

你们应该叫他"山羊龙"！

第一块艾雷拉龙的化石是被一位放羊的阿根廷人无意中发现的。他的名字叫维多利亚·艾雷拉，而这种可能是恐龙的生物就是以他的名字来命名的。

玻利维亚的一块悬崖壁上有恐龙足迹

但这并不意味着恐龙可以和蜘蛛侠一样在悬崖壁上跑来跑去。

在玻利维亚卡尔奥克采石场的一块石灰岩崖壁上发现了一大片足迹，足迹有约5000个，向上延伸了约100米，包含了至少8种恐龙的脚印。

这些足迹是在平地上形成的。约6800万年前，恐龙们来到湖边喝水，在水边的泥地里留下了这些脚印。

后来，更多的泥土覆盖住了它们踩下的脚印，在千百万年的地质作用中形成了化石。

由于地层的移动和折叠，原来水平的部分如今变得接近垂直，这些足迹也就延伸到了崖壁上。

两百年前，没有人了解恐龙

1842年，英国科学家理查德·欧文第一次使用了"恐龙"一词。

巨齿龙

我可是超大的！！

禽龙

可怕的蜥蜴？我不觉得是这样耶。

林龙

第一只被命名的恐龙——尽管当时人们还不知道它是恐龙——巨齿龙，它被命名于1824年。第二只是1825年命名的禽龙，接下来是1833年命名的林龙。

欧文是第一个发现这三者相似之处的人。他宣称它们都属于一群类似的动物，而且已经不存在于地球上了。它们和现生的爬行动物有些相似，但是体型要大很多。他把它们称为"恐龙"，意思是"可怕的蜥蜴"。

恐龙的存在差点在理论阶段就被抛弃了

离欧文命名恐龙已经过去了45年，但是从现实来看他好像弄错了。

人们找到了更多的恐龙，但它们的种类并不多，根据臀部的不同能够被分成两组。其中一组的臀部和现代的鸟类很像，而另一组的臀部更接近于现代的蜥蜴。

英国的古生物学家哈利·西里认为，这两组动物区别太大了，根本不能用"恐龙"来将它们统一分类。

鸟臀类
像鸟一样的臀部

蜥臀类
像蜥蜴一样的臀部

直到约一百年以后，也就是二十世纪七十年代，科学家们才接受这两组动物有着共同的祖先，"恐龙"的概念因此才得以存在。

还有很多恐龙等着
我们去发现

科学家们估计至少有2000种恐龙，

很可能有更多。

如今现存的鸟类有约10000种，所以1.5亿年前
有约2000种恐龙其实并不算多。

目前我们只发现了大概
1000种恐龙，古生物学
者们正在发现更多的
恐龙。

1990年以来，人们命名
了世界上已知恐龙的
百分之八十。古生物
学家们大约每个星
期就能找到一种
新的恐龙。

"骨头战争"是为了争夺恐龙化石

十九世纪，在美国的两位古生物学者之间展开了一场旷日持久的争斗。

十九世纪六十年代，奥塞内尔·查利斯·马什和爱德华·德瑞克·柯普曾经是共同工作的伙伴，可到了十九世纪七十年代，他们却变成了对手。他们抢着发现更多的恐龙化石，甚至通过欺骗对方，不惜毁坏化石层来阻止对方发现更多的化石。

他们工作得很快，还带着一大帮工人，所以他们找到的化石多到一直被放在箱子里，甚至过了几十年都没有被检验完。

他们的团队找到了大多数北美洲的著名恐龙化石。柯普命名了超过1000个新的物种，这个纪录恐怕没有人能够打破了。

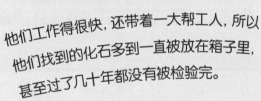

马什给我起了名字！

形成一个化石是很困难的

只有极小的可能找到完整的恐龙化石,大多数时候人们都只能找到化石碎片。

一般只有当动物尸体在水里的时候才会形成化石,所以海洋动物化石会比陆生动物化石多得多。

通常情况下,恐龙的软组织基本已经腐烂掉了,留下来的都是身上比较坚硬的部分,例如骨头、牙齿、爪子、背刺或骨板。

偶尔也有皮肤和羽毛之类的软组织会形成化石。

只有很少一部分的动物死亡之后会变成化石。更多的动物在死亡之后会被吃掉或者腐烂,这样它们的骨头会变得非常零散和破碎。

层层叠叠的沉积物堆积在骨头之上,将骨头及其附近的物质压成了化石。

1　如果一只恐龙的尸体最终到了水里，并且迅速地被泥沙（沉积物）掩埋，它就很有可能变成化石。

2　随着时间流逝，一层又一层的岩石不断地沉积，将化石埋在了很深的地下。

3　年复一年，骨头里的化学物质被水里的矿物质取代了，于是骨头变得越来越硬，像石头一样。

有时骨头会慢慢腐烂，留下一个充满矿物质的空间，形成骨头的模型。

4　又不知道过了多久，岩层弯曲和移动，有时会将化石带到岩层上部。

风、雨或者潮汐的冲刷都有可能让化石暴露出地表。

第一块恐龙化石曾被认为是巨人的腿骨

1677年，英国牛津阿什莫林博物馆的罗伯特·普劳特描述了第一块恐龙化石。

这是一块股骨的末端。普罗特以为这是一个身高至少297厘米的巨人的骨头。他想知道这骨头是不是来自大象，但它的形状并不符合。

这块股骨化石在很久之前就丢失了，但是如今人们认为它属于某一只巨齿龙。

传说中的龙是恐龙吗

一些人们想知道，关于龙的神话传说是源于真实存在的恐龙，还是恐龙化石。

恐龙和人类的历史从来没有交汇过，所以就算是最早时期的人类也从来没有见过恐龙。从最后一只非鸟恐龙消失，到人类出现，其间有约6500万年的断层。

我是吓人的恐龙吗？

但是先民们很有可能见过恐龙化石，并且编造了龙的神话传说来解释它们的存在。关于龙的神话故事在中国和欧洲有两个截然不同的版本——也许两个地方的人们都找到过恐龙化石，但描绘出了不同的模样。

爬行动物占据了地球，因为它们能生出更优质的蛋

爬行动物是由两栖动物——类似青蛙和蟾蜍的动物——演化而来的。

两栖动物能够呼吸空气，它们产的蛋都是软软的、湿漉漉的，很容易被压坏。这些蛋在陆地上很容易变干，所以它们必须把蛋产在水里。这意味着两栖动物不能离河流或者海岸太远。

科尔鳄

爬行动物有了新的应对办法——它们的蛋外面有一层坚硬的、类似于皮革的壳，使得这些蛋不会在陆地上变干。这意味着爬行动物们能够在任何它们想去的地方生活。于是不久之后，爬行动物代替两栖动物占据了地球。

异齿龙

后来演化成恐龙的一种爬行动物被称为"主龙"，意思是"称霸的爬行动物"。鸟类、鳄鱼、蛇类和蜥蜴都是现代的"主龙"。

大多数的恐龙化石都非常大，但是许多恐龙体型非常小

小型恐龙的化石保存下来的并不多，但这并不意味着小型恐龙不多。

化石的形成并不容易，大多数生物死亡之后都不会变成化石。

小型的、脆弱的骨头和骨架都是非常容易破碎的，甚至会被食腐动物——以死尸为食的动物——一口吞下。

很少有小型恐龙会直接变成化石。

约7500万年前
伊氏西爪龙
（北美洲）

哈哈！我把这个小东西吃掉了！

大型恐龙的化石很容易被发现，但小型恐龙的化石很难被找到。小型的伊氏西爪龙的化石最初是在2009年被发现的。它浑身长满了羽毛，体重大约只有1.9千克——这对恐龙来说也太小了！

有些恐龙的名字听起来不太聪明

柯氏阿瑟翼龙是一种翼手龙类，它的名字来自维多利亚时期的小说《夏洛克·福尔摩斯》的作者，阿瑟·柯南·道尔。小说中的一个故事和翼手龙类有关。

冰脊龙

除了恐龙我啥也不是！

冰脊龙的外号叫"埃尔维斯龙"，因为它的头冠和歌手埃尔维斯·普雷斯利（猫王）的发型很像。

斑比盗龙的名字来源于迪士尼的动画角色小鹿斑比。

无聊龙是一种小型的两足恐龙，名字源于刘易斯·卡罗尔的诗歌《贾巴沃克》里出现的一种奇异生物"无聊兽"。

是魔法吗?

霍格沃茨龙王龙的意思是"霍格沃茨的龙",它的名字来源于《哈利波特》里的魔法学校——霍格沃茨。

霍格沃茨龙王龙

科龙的名字源于德州理工大学。

气龙是在1985年被一个寻找天然气的勘查队发现的。

激龙之所以被称为激龙,是因为它的发现者在它的化石上抹了泥灰,使得研究它的恐龙学家们不得不为了去掉这些泥灰而花费大量的时间——这实实在在地激怒了他们!

激龙

我也没那么烦人吧!

快达龙的名字是向运输它的澳大利亚航空公司致敬。

波波龙①是三叠纪时期类似鳄类的动物,用两只脚走路。

---

① 编者注: 波波龙学名poposaurus, 名字源于它被发现时所属地层波波阿吉组Popo Agie Formation。

你可以下载一只数码恐龙

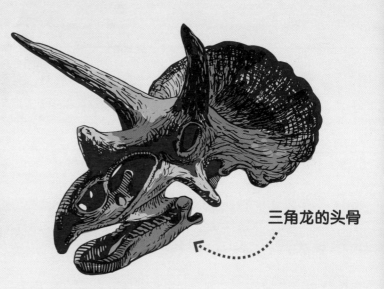

美国华盛顿史密森尼自然历史博物馆和英国伦敦自然历史博物馆计划对他们的所有化石进行数字化复制,这些复制的化石数据将会被上传到网上,供全世界的研究人员使用。

三角龙的头骨

史密森尼自然历史博物馆藏有约四千万块化石——将它们全部数字化大概需要50年。大多数大型博物馆的馆藏化石太多了,以至于一些化石只能一直被锁在箱子里,没有办法被拿出来展出。

有些化石只会被拍照记录和描述,而有些化石则会被进行CT扫描,用来制作一个完整的3D化石模型。

史密森尼自然历史博物馆

利用恐龙模型可以知道恐龙是如何生活的

科学家们利用恐龙化石的数字模型，可以研究恐龙是如何运动、进食和进行其他活动的。

有些时候，数字模型能够做到化石模型做不到的事情。你可以移动它、扭曲它，尝试给它加上虚拟的肌肉，来测试肌肉会给骨骼带来多大的影响。而且这样完全没有把它弄坏的风险，不会给你带来其他麻烦。

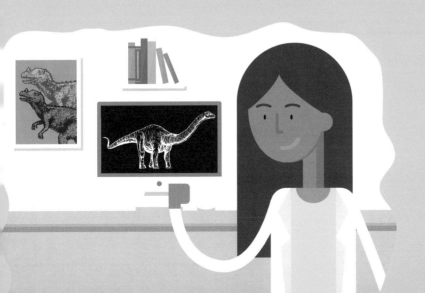

给数字恐龙加上数字肌肉后，展现了蜥脚类恐龙与众不同的进食方式。它们吃的食物不同，所以能够相安无事地生活在一起，不用担心没东西吃。

目前找到的保存最好的恐龙曾经生活在加拿大

2011年，在加拿大阿尔伯塔省发现了一只结节龙的化石。在被埋藏了1.1亿年后，它差点就被挖矿机压碎了。

这只结节龙的肩膀上长着很多长约50厘米的"钉"，有点像甲龙。这块化石完美地保存了骨板上的皮肤，看起来更像是木乃伊恐龙而不是恐龙化石。科学家们甚至认为它的皮肤可能是红色的。

小心点，兄弟！

这块化石在运送的过程中被摔碎了。人们为了展示它，在五年中花费了七千多个小时的时间来把它找齐，然后拼好。

2.3亿年前，人类的祖先可能长得像地鼠

当时的世界上不仅仅只有恐龙。恐龙存在的时代，第一批哺乳动物也出现了。这些动物是所有哺乳动物——包括你——的祖先。

始带齿兽是第一批哺乳动物之一，长得有点像过大的地鼠。

始带齿兽

它的身长约有90厘米，这和后期的哺乳动物大小类似。它身上毛茸茸的，是温血动物。始带齿兽妈妈会用奶喂养它的宝宝。

但和大多数后来的哺乳动物不太一样，它的宝宝是从蛋里孵出来的。

禽龙的名字来源于鬣蜥①

当英国的化石猎人吉迪恩·曼特尔和玛丽·曼特尔找到了一些牙齿化石的时候，他们发现这些牙齿与鬣蜥（Iguana）的牙齿十分相似。吉迪恩认为这些牙齿一定来自一种大型的、长得像鬣蜥，但是已经灭绝了的生物，于是他将这种生物命名为禽龙（Iguanodon）。

明明是我先出现的，应该根据我的名字给鬣蜥命名！

禽龙

早些时候，人们认为鬣蜥是用它的两条腿站立的，就像袋鼠一样。但是现在的科学家认为，它们其实是靠四条腿走路的。

① 编者注：鬣蜥的学名是Iguana，禽龙的学名是Iguanodon。

恐龙们受不了生活在三叠纪的热带地区

三叠纪时出现了超级热的极端天气，尤其是在热带地区。

大气里更多的二氧化碳，导致当时的温度比现在高得多。而热带地区的气候又总是在极度的干旱和瓢泼大雨中来回切换。在这个干燥又炎热的时期里，森林大火不曾熄灭。

由于持续不断的森林大火，植物更新得非常频繁，这使得以植物为食的恐龙没有办法在这里生活——它们没有办法获得它们所需要的食物。

只有小型的肉食恐龙成功地在热带地区存活下来了，而唯一一种成功存活的大型动物是伪鳄类，鳄鱼的远亲之一。

卡罗来纳州是
原始鳄类的故乡

卡罗来纳狂齿鳄也被称为"卡罗来纳屠夫"，是一种
生活在三叠纪，长得像鳄鱼的动物。约2.31亿年前，
它占据了北卡罗莱纳州的原始森林。

它属于鳄形超目，因为
它的形态和鳄类非常
相似。

它的身长至少能达3米，然而
目前只找到过一只年轻的卡
罗来纳狂齿鳄的化石，所以
并没有人知道它长大之
后到底有多长。

别回头看哦！

幸好这里没有
鳄鱼！

现代的鳄鱼和短吻
鳄的远亲都是各种
鳄形超目动物。

在第一个主题公园里，恐龙们可是大明星

第一只和真实恐龙同等大小的恐龙模型被放在了湖中间的一个岛上，被时涨时落的潮水包围着。

1854年，这个展览被布置在了英国伦敦的水晶宫，此时距离恐龙第一次被命名也就过去了12年。

这些模型展现了早期的恐龙学家们是如何猜想恐龙样貌的。

它们矮而健壮，像是超级大的蜥蜴，和我们现在看到的恐龙复原形象非常不同。

现在，这些模型已经成了历史遗物，它们通过自身的样貌来告诉我们，人们曾经对恐龙的想象，并不是现在我们所认为的恐龙的模样。

恐龙世界的终结

大约6600万年前,属于恐龙的时代终结了。大灭绝让几乎所有的非鸟恐龙和大量的其他物种走向了生存的尽头。

可能性最大的罪魁祸首是一颗小行星,这块来自太空的大石头狠狠地砸向了地球。

这块大石头的直径大约有10—15千米。

它砸向的地方位于如今墨西哥海岸旁的希克苏鲁伯。1991年,人们发现了这个巨大的陨石坑。

陨石坑的直径达到了180千米。

这是一个时代的终结啊!唉……

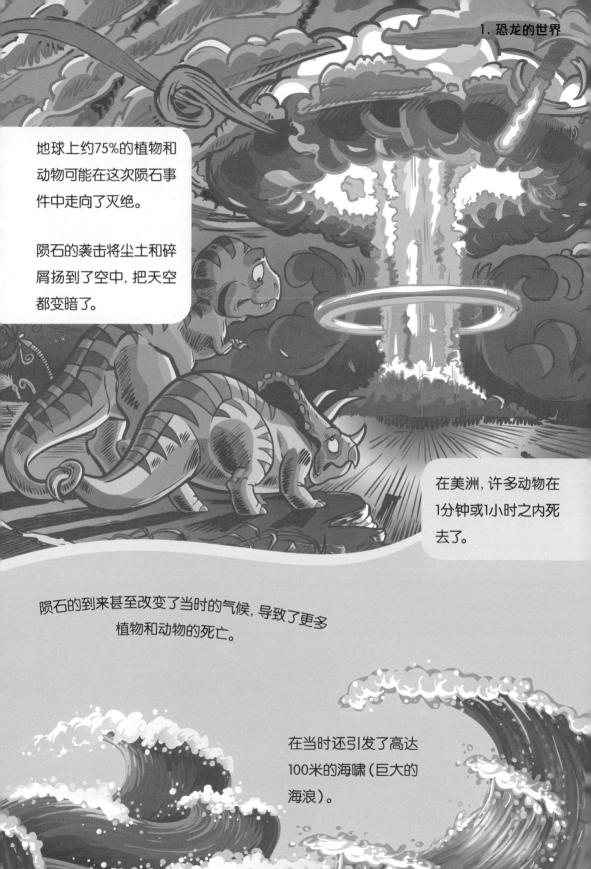

地球上约75%的植物和动物可能在这次陨石事件中走向了灭绝。

陨石的袭击将尘土和碎屑扬到了空中，把天空都变暗了。

在美洲，许多动物在1分钟或1小时之内死去了。

陨石的到来甚至改变了当时的气候，导致了更多植物和动物的死亡。

在当时还引发了高达100米的海啸（巨大的海浪）。

恐龙可不会飞

尽管鸟类是生活在现代的恐龙，但生活在恐龙时代的飞行动物——翼龙——并不是恐龙，它是一种会飞的爬行动物。

鸟类不是翼龙演化来的。翼龙已经灭绝了，而且没有近亲，也不存在后裔。它们曾经存在过，但如今已成为了历史。

最古老的翼龙是真双型齿翼龙，它生活在约2.2亿年前，它生活过的地方如今是意大利。

真双型齿翼龙

翼龙是第一个能够飞行的脊椎动物（有脊椎的动物）。它们分布在每一个大洲，而且生活了约1.5亿年——这可真是一段成功的历史！

还有，大多数的恐龙不会游泳

尽管有些恐龙会游泳，但大部分的恐龙依然是非常专业的"旱鸭子"。而海里的生活从来不会让你感到无趣。

海里有着种类繁多的鱼类、海绵动物、节肢动物（长得像螃蟹和虾，身上有坚硬的、带关节的壳的动物），以及头足类动物（乌贼之类的软绵绵的动物）。

海里还有爬行动物——从陆地迁移到海里，并且适应了在海里生活的生物，它们一共有四个主要类型。

沧龙看起来像自带船桨的鳄鱼。

鱼龙类有着和鱼一样的外形。

蛇颈龙和上龙展现出了更明显的爬行动物特征，但是也有着船桨形状的四肢。

而海龟就是，嗯……海龟。它们长得和现在的海龟没有什么区别。

55

爬行动物从陆地爬到了海里，演化成了海洋爬行动物

然而陆地上的爬行动物是由水里的两栖动物演化而来的，这就形成了一个闭环。

动物们在演化的过程中，来来回回地往返于水陆之间。也许几百万年以后，哺乳动物们又会回到海洋里生活。

蛇颈龙

我们现在看到的鲸和海豚，都是由原来生活在陆地上的，长得有点像小狗的哺乳动物演化而来的。而企鹅则是一种从陆地迁徙到了海里的鸟类。

帝企鹅

蓝鲸

生活在海里的动物们身体变成了流线型，而它们的四肢演化成了鳍状或者桨状。

幻龙类最先走进了海洋里

幻龙类很有可能是第一个离开陆地，走进海洋的爬行动物。

它们仍然呼吸空气，而且还可能将蛋产在陆地上。然而它们的四肢已经变成了桨状，也许比以前短了一截，也许还长出了蹼。所以对于它们来说，重新回到陆地上生活已经变得十分困难。

幻龙

它们或许会通过尾巴的来回摆动来帮助自己游泳，有点像现代的鳄鱼。

"搅动觅食"的化石遗迹显示了幻龙通过用它们桨状的四肢搅动海底淤泥，然后吃掉被扰动了的动物的场景。

翼龙和鸟类

翼龙其实和鸟类一点都不像。

大多数的翼龙都要比鸟类大许多。

它们的翅膀和后脚是连在一起的。

一些翼龙的喙里有牙。

它们的前爪长在翅膀的一端。

它们在陆地上用四肢走路。

许多翼龙头顶上有一个由骨头和皮肤组成的头冠。鸟类的头顶上只有羽毛。

翼龙的蛋很可能具有软软的、皮质的壳，有些类似于海龟的蛋。而鸟类的蛋则有一个坚硬的外壳。

翼龙的长尾巴上一般都长有骨头，而鸟类的尾巴上则只有羽毛。

一些翼龙有着可以伸缩的爪子，就像小猫的爪子。

翼龙无法像鸟类一样站在树枝上，或者树上的巢里。

59

沧龙是白垩纪 海洋里的霸主

沧龙是巨大的海洋爬行动物，身长可以达到15米。

约8500万到6500万年前，它们都会是你在海洋里最不想遇到的动物。它们有着约90厘米长的下巴，嘴里还长着匕首状的牙齿，每颗都长约7.5厘米。它们就像是为杀戮而生的"机器"，是海洋里有史以来最凶猛的猎手之一。

沧龙们通过左右摆动它们强有力的尾巴推动自己前进，这一点和现代的鲨鱼很像。它们还有桨状的四肢，可以帮助它们改变方向。

它们一般潜伏在长长的水草或者礁石里面。等到猎物"点心"一靠近，它们就如同飞梭一般扎向猎物，把猎物吃掉。

沧龙会吞食同类

在非洲国家安哥拉曾发现过一块化石，上面记录了一只沧龙无比残忍的行为。

在这块化石上，大沧龙的肚子里有两只小沧龙的遗骸，这显示出它们曾经是大沧龙的晚餐。

这也太硬了！

不仅如此，这块化石中还嵌入了几颗鲨鱼的牙齿。虽然鲨鱼没有办法对付一只活着的沧龙，但它可以吃已经死了的沧龙尸体。而根据这块化石，即使已经死去了，沧龙的肉依然硬到可以把鲨鱼的牙齿硌掉。

其他住在海里的朋友们

而长得更凌乱的日本菊石就像是一团打着乱七八糟的结的线团。

日本菊石

箭石

除了爬行动物外，海洋还是鱼类和其他动物的乐园。

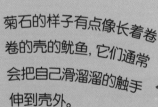

菊石

菊石的样子有点像长着卷卷的壳的鱿鱼，它们通常会把自己滑溜溜的触手伸到壳外。

箭石和鱿鱼很像，它们柔软的身体几乎都暴露在外，只有一小块坚硬的部分留在体内用于塑形。

箭石身体里这块坚硬的部分叫作鞘，它长得像一颗又长又直的牙齿，是十分常见的一种化石。

但它们也不都是卷卷的。有些种类，被称为异形的，就不是卷起来的。

异形

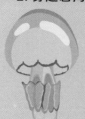

海百合长得像是一株植物,但它确确实实属于动物。它们长长的,树枝状的手臂能将小块的食物送到它们嘴里。

海百合

一些海百合长着长长的茎,而且喜欢待在原地;另一些没有茎的海百合则会随着海浪漂流。

海胆

并不是所有东西都长得奇奇怪怪的,海里还有许多鱼类、海星、海胆、甲壳类、海绵和水母,长得和现代的海洋动物差不多。

海星

水母

一些甲壳类动物会选择栖息在海百合的下方,以海百合的排泄物为食。这些排泄物中还保存着足够的养分。真是个明智的选择。

你可以把巨蜥当成是生活在陆地上的沧龙

生活在现代的巨蜥可能和沧龙有一些联系。

和蜥蜴有些类似，沧龙的身上也覆盖着许多鳞片，甚至拥有两种不同的鳞片。

那些覆盖在身体上部的鳞片有着特别的形状，使得这些鳞片不会反光，这样一来沧龙就不容易被来自上方的捕食者吃掉。而长在身体下部的鳞片则更加平整光滑。

比起蜥蜴，沧龙可能和蛇类更像。一些化石学家认为这可能说明蛇类最开始是生活在水里的。而在今天，我们能够见到生活在陆地上的蛇和生活在水里的蛇。

我比你更像沧龙！

为食物而生的牙

沧龙有很多种，有的身体比其他的
沧龙大许多。

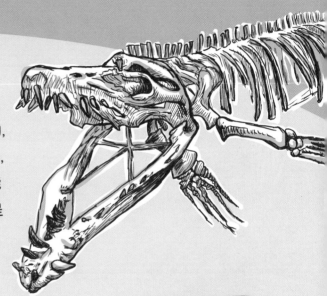

因为它们的食物不同，所以它们的
牙齿分化出了不同的形态。

大型的沧龙几乎可以吃海洋里的所有动物，
甚至可以吃掉鲨鱼。它们的身长可达15米，
而且有着尖尖的、形状像匕首的牙齿，能
帮助它们撕碎几乎所有东西。它们就是
生活在海里的"霸王龙"。

**龙骨齿龙和
人类的比较**

最小的一种沧龙是龙骨齿龙，它们只有不到3米
长，嘴里长着圆圆的、像灯泡一样的牙齿。它们通
常在海岸边的浅海区域捕食，这样的牙齿足以让
它们咬碎软体动物和甲壳动物的外壳。

海王龙能一口吞下超大份的食物

同属于沧龙科的海王龙有着铰接式的颌骨，可以张开到非常大的角度。

这意味着它们能像蛇一样完整地吞下一整只猎物，而不用把猎物嚼烂或撕碎。它们的牙齿是用来刺穿猎物的，而不是用来咬或者嚼碎猎物的。

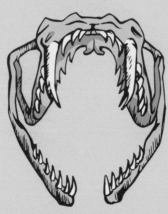

蛇类可以将下颌的左右两部分分开，而且可以分别运动这两部分骨头。每一部分都由一块有弹性的肌腱控制，所以它们的嘴巴并不会太受颌骨限制。如果你想吞下一整条鲨鱼，这可太有用了。

你甚至可以一口吃掉一整张比萨！

降生在水里的宝宝需要呼吸空气

尽管海洋爬行动物一直都生活在水里，它们还是需要呼吸空气的——它们从来没有长出过像鱼类一样的鳃。也就是说，每隔一段时间，它们都需要回到水面上呼吸。

尽管生活在陆地上的爬行动物生的是蛋，鱼龙和蛇颈龙这一类海洋爬行动物生下的却是小宝宝。如果你需要呼吸空气的话，在海里出生可真是一件很麻烦的事情啊！

新生的宝宝需要直接回到水面，大口地呼吸第一口空气。现代的鲸和海豚都要面对这样的麻烦。

翼龙的蛋会长大

翼龙的蛋有一层柔软的壳，和
现代爬行动物的蛋很像。

这种壳上有着很微小的细孔（气穴），
但足以让水分子穿过。

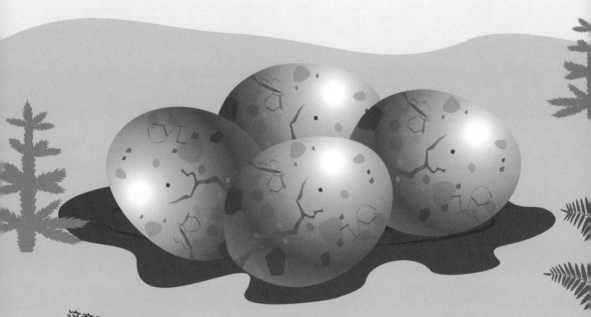

这意味着翼龙妈妈并不需要把翼龙宝宝所需要的所
有养分，包括水，都装进蛋里。它们只需要提供除了
水之外，更多有利于翼龙宝宝长大的营养物质。

这些蛋能够自发地吸收
土壤里的水分，这也是它
们被埋到土里之后还会
继续变大的原因之一。

科学家们用一只"史前乌贼"的墨汁画出了它自己

和现代的乌贼一样，箭石也能够产出墨汁。遇到捕食者时，它们能迅速地将墨汁喷到海里，制造出一大片黑色的"云"，然后趁机逃跑。

箭石

一块来自英国的化石上保留了一只有着完整墨囊的箭石，它死于约1.5亿年前。科学家们成功地将它的墨汁复原，还给它画了一幅画像，还原它生前的形象——这也是它最后一幅"自画像"了。

风神翼龙和飞机一样大

约7700万到6600万年前，风神翼龙曾生活在北美洲。它们和长颈鹿一般高，而且喜欢在天空中翱翔。

风神翼龙很有可能以腐肉（死去的动物尸体）为食，而且喜欢抓靠近它那根长长的、没有牙齿的喙的任何动物，包括小型恐龙。

它的躯干很小，双翼占了身体很大一部分的比例——它的翼展接近12米长，这和一架小型飞机的长度相当。

风神翼龙的体重约有250千克，这大概是能飞的动物里面最重的一个了，而且这个纪录几乎不可能被打破。

翼龙的翅膀是长在一根长长的指头上的

它的翅膀其实是它的手。

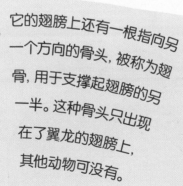

它的手肘离身体很近，翅膀中间弯曲的关节是它的手腕，而其他长的部位其实是从它第四指延伸出来的部分。

翅骨

它的翅膀上还有一根指向另一个方向的骨头，被称为翅骨，用于支撑起翅膀的另一半。这种骨头只出现在了翼龙的翅膀上，其他动物可没有。

它的皮肤从指头开始，沿着躯干一直延伸到腿上。想象一下，如果你的其中一根手指头特别特别长……

我想，我还是让手指头一直是手指头吧，不用麻烦了！

翼龙是跳着起飞的

和鸟类不同的是，翼龙在地面上的时候把翅膀当成腿来用。

为了获得飞行的动力, 它们会四肢一起发力, 然后跳起来。由于它们的脚并不适合抓住树枝之类的东西, 因此, 它们不会选择从树上起飞。

它们利用翅膀中部的爪子在地面上走路, 行走时翅膀的末端就向上折叠了。

翼龙有力的翅膀拍打几下就能把它们带到气流中心, 这能让它们始终保持在高处。

史上最大的翼龙, 风神翼龙, 能够不停歇地飞行约一万六千公里。在飞行时的大多数时间里, 它们并不会拍打翅膀, 而是利用翅膀来改变方向。

翼龙是毛茸茸的

许多翼龙的身体上覆盖了细小的软毛，和哺乳动物的
毛发有点类似，这些毛发组织被称为致密纤维。

它们看起来就像是穿了一件用
短毛制成的大衣。

我看起来毛茸茸
的，不可爱吗？

但是致密纤维和真正的软毛不太一样。它们只
是很浅地根植在翼龙的皮肤上，而哺乳动物的
软毛根植得很深。致密纤维更像是没有内部结
构的细线。

尽管早期的翼龙只有
致密纤维，这些毛发
组织或许也能起到保
暖的作用。

有些翼龙甚至长了羽毛

没有人觉得翼龙的身上会长羽毛，直到2018年……

人们在中国发现了两只约1.6亿年前的翼龙化石，它们的身上有着三种不同羽毛留下来的斑块。

我摸起来是软的，而且是毛茸茸的哦！

这两只翼龙的颈部、头部和翅膀上都长有羽毛，身体的其他部分则长有软毛。

许多恐龙都有羽毛，而如今在翼龙的身上也发现了羽毛，对此最简单的解释就是，它们的共同祖先演化出了羽毛。

这把羽毛出现的时间推到了约2.5亿年前——比大家以前认为的时间早了8000万年。甚至，曾经可能还存在过长着羽毛的鳄鱼！

有羽毛吗？！

长着羽毛的翼龙是姜黄色的

有些时候，古生物学家们能在化石中发现一些保存完好的色素，为我们展现出恐龙们生前的模样。

这两只长着羽毛的翼龙都是姜黄色的!

姜黄色在史前动物之间似乎非常流行。

姜黄色超酷的!

人们在有羽毛的恐龙和早期鸟类的姜黄色羽毛上还找到了一些黑色的色素。这样的配色也许有利于它们在斑驳的森林中更好地隐藏自己，就和现在的鸟类一样。

雷神翼龙,是约1.12亿年前生活在巴西的翼龙。它的头冠大到有些可笑,几乎和它的身体一样大了。

最大的翼龙有着超过9米的翼展。

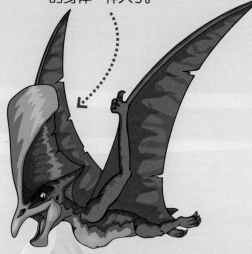

雷神翼龙

如今最大的鸟类是漂泊信天翁,它有着约3.5米的翅展。翼龙可能会达到它的五倍大呢!

哈特兹哥翼龙是哈提格岛(现在属于罗马尼亚)上最顶级的捕食者,它们甚至会吃掉小型蜥脚类恐龙。

哈特兹哥翼龙

漂泊信天翁

森林翼龙是最小的翼龙之一。它的翼展只有约25厘米，和麻雀的大小差不多。

森林翼龙

古魔翼龙长着吓人的牙齿，以一个奇怪的角度向外翻出。但这非常适合捕鱼，而且能够阻止鱼儿逃脱。

无齿翼龙

夜翼龙的头冠上有着分叉，这样的头冠比它的头骨长了约1.5倍。

无齿翼龙在约8500万年前应该是非常常见的动物，因为在北美洲发现了几千具它们的化石。

古魔翼龙

三叠纪时期最大的翼龙之一是天风翼龙。它的翼展有约1.5米，还长着约110颗牙齿，其中的4颗是约2.5厘米长的尖牙。它生活在约2亿年前的美国犹他州。

天风翼龙

鱼龙有海兽脂

海兽脂是一种长在海洋哺乳动物，如海豹和鲸鱼皮下的脂肪。能够起到隔热的作用，让动物们在冰冷的海水里保持暖和。

科学家们在一条鱼龙的化石里面发现了海兽脂，这说明鱼龙也是温血动物，就和海洋哺乳动物一样。

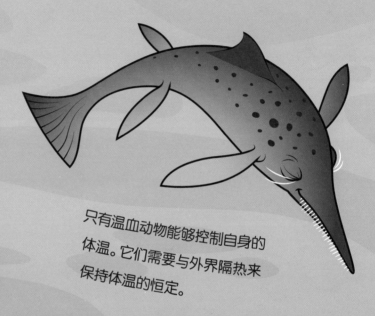

只有温血动物能够控制自身的体温。它们需要与外界隔热来保持体温的恒定。

我讨厌冬天！

如今我们见到的爬行动物都是冷血动物。它们中的大多数在活动之前都需要在太阳下待一会儿，让自己变暖。一旦环境变冷了，它们就会变得迟钝，看起来不太聪明。

鱼龙长得像能够爬行的鲸

2018年，人们找到了一些尚有弹性的鱼龙皮肤化石，说明了这种动物长着光滑而没有鳞片的皮肤。

大多数爬行动物的皮肤上都长满了鳞片，而鱼龙似乎在回到海洋的过程中"弄丢了"自己的鳞片。它不仅四肢变成了鳍状，还长出了一层厚厚的脂肪以保持自己的体温。

现代的海洋哺乳动物，例如鲸，为了生活在水中也作出了这样的妥协。它们舍弃了哺乳动物特有的体毛，四肢变成了鳍状，身上还长出了一层鲸脂。

甚至连它们的色素沉积都和海洋哺乳动物一样。鱼龙背部的颜色比腹部的颜色深得多，不仅能把自己隐藏起来躲避来自上方的敌人，还能保护自己不受到深海动物的袭击。现代的鲸也是如此。

翼龙最初可能
只会滑翔

目前，并没有人十分确定翼龙是怎么演化的，但科学家们认为它们很可能是在空中捕食猎物的（有可能是会飞的昆虫）。它们从树上跳下来，需要滑翔一会儿，后来就演化出了飞翔的能力。

无齿翼龙

我先到这里的！

一些大型的翼龙，如无齿翼龙，保持了滑翔的能力和习惯。

几乎可以肯定的是，它们就像现代的鹰一样，乘着气流飞翔，可以飞得很高，而且不需要频繁地扇动翅膀把自己累坏。它们甚至可能不擅长拍打翅膀，因此不得不滑翔。而小一点的动物可能需要更努力地拍打翅膀，才能让自己飞起来。

一只正在出生的
鱼龙宝宝化石

现代的爬行动物都是卵生的，但古生物学家们认为，许多海洋爬行动物是胎生的。

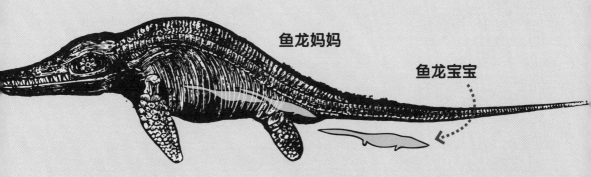

鱼龙妈妈

鱼龙宝宝

古生物学家们认为至少有一些海洋爬行动物是胎生的，因为他们找到了宝宝们的化石，甚至是正在出生的宝宝们的化石。

2011年，一块来自中国的约2.48亿年前的化石，展示了一只鱼龙妈妈正在生宝宝的场景。其中一只鱼龙宝宝已经出生，而其余的依然留在它的肚子里。

如果鱼龙是卵生的，那它们将需要来到陆地上生蛋。只有这样，它们的宝宝才能在被孵化出来的时候呼吸到空气。想象一下一只鱼龙宝宝尝试着从海里爬到陆地上——那可不会是一件顺利的事情。

那可是个"老"宝宝了！

一些翼龙喜欢在土里挖洞

德国翼龙

它们并不是用铲子挖洞，而是利用它们的喙。德国的一种小型翼龙，德国翼龙，有着向后弯曲的、带着尖端的喙。喙的前端没有牙齿，但是在后端有一些。

古生物学家认为，德国翼龙用它的喙在泥里寻找贝壳类动物和其他生活在海边的无脊椎动物，并用喙后端的牙齿把它们咬碎。

现代的反嘴鹬也是利用形状相似的喙，在泥里戳来戳去寻找食物。真好吃！

特立独行的翼龙

哈特兹哥翼龙曾经生活在哈提格岛上，那个地方现在属于欧洲的罗马尼亚。

由于生活与世隔绝，哈特兹哥翼龙看起来并不是很明白如何当一只普通的翼龙，它们的行事作风和其他翼龙有着很大的不同。

哈特兹哥翼龙

与其他脆弱轻盈的生物不同，哈特兹哥翼龙几乎和长颈鹿一样高，而且有着对于翼龙来说短而强壮的脖子，用来支撑它又大又重的头。

它巨大的颌骨约50厘米宽，最多能达2.5米长。在所有的陆生四足动物中，它的颌骨算得上是最长的了。

它会用它那手提钻一样的、大得吓人的喙来攻击同样生活在这个岛上的其他小型恐龙。

有些翼龙自带 "方向舵"

早期的翼龙，如双型齿翼龙，长着长长的、瘦骨嶙峋的尾巴来帮助它们保持平衡。后来的翼龙，如翼手龙，则完全没有尾巴，或只有一小段尾巴。

双型齿翼龙

双型齿翼龙的尾巴能够左右来回地摆动，但可能不会上下摆动。以及，它是从翼龙的身后笔直地伸出去的。

这样，它的尾巴就成为了一个非常有用的方向舵，帮助翼龙转弯，而且不会因为下垂和拖动而破坏它流线型的形状。

第一只翼龙化石被误认为是海洋生物

当意大利的科学家科西莫·科利尼在1784年找到第一只翼龙化石时，他以为发现了一只把"手臂"当成"桨"使用的海洋动物。

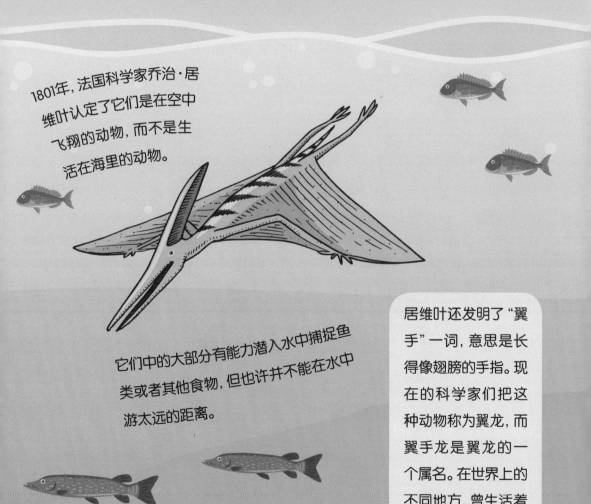

1801年，法国科学家乔治·居维叶认定了它们是在空中飞翔的动物，而不是生活在海里的动物。

它们中的大部分有能力潜入水中捕捉鱼类或者其他食物，但也许并不能在水中游太远的距离。

居维叶还发明了"翼手"一词，意思是长得像翅膀的手指。现在的科学家们把这种动物称为翼龙，而翼手龙是翼龙的一个属名。在世界上的不同地方，曾生活着各种各样的翼龙。

许多翼龙长着非常夸张的头冠

翼龙的头冠是由骨头或其他坚硬的物质（如软骨）和皮肤构成的。

但我们并不知道这些翼龙的头冠上会有怎样的花纹。也许是亮红色、蓝色和黄色等鲜艳的颜色混在一起形成的花纹，可以用来吸引其他的伙伴。

看我的奇迹头冠!

掠海翼龙

掠海翼龙是头冠最大的翼龙之一，它的颅骨有约1.4米长。约1亿年前它生活的地方就是今天的巴西。

科学家们甚至不确定其中一些翼龙的头冠是由骨骼构成的，还是由一个巨大的帆状皮瓣填充而成的。

最早学会滑翔的动物
比翼龙还要古老

翼龙用皮肤构成的翅膀做到了滑翔和飞行，但它们并不是第一批尝试这种方法的动物。

长得像蜥蜴的空尾蜥在身体两侧长出了拉长的片状皮肤，这也许可以帮助它们在树间滑翔。但它们不太会飞，更像是跳跃，而且它们的翅膀是由骨头构成的。

空尾蜥

耶！！我会"飞"诶！！

这种翅膀并不是肋骨的延伸，而是一种从未在其他动物身上发现的特殊结构。

空尾蜥身长约46厘米，在约2.6亿到2.51亿年前，它们生活的地方现在是欧洲和马达加斯加。

许多翼龙都吃鱼

许多种类的翼龙生活在海岸附近，以捕鱼为生。它们会翱翔于大海或河流之上，然后潜入浅水区域抓鱼。

不过，它们不太擅长从水面起飞，起飞之后可能还得拍打翅膀挣扎几秒钟。这给了海洋动物捕捉它们的机会。

有些翼龙有锋利而粗糙的牙齿，可以牢牢咬住滑溜溜的鱼。另一些没有牙齿的翼龙，会像现代海鸟一样直接把鱼吞下去。

有些鱼类会捕食翼龙

咬住翼龙的鱼化石表明，当翼龙潜入水中
或试图离开海面时，鱼会通过抓住它的
翅膀来捕获它。

但它们在行动中变成了化
石的事实也表明，这条鱼
也没有好下场。有可能是
这条鱼密密麻麻的牙齿
卡在了翼龙的翅膀上，导
致鱼无法脱身。

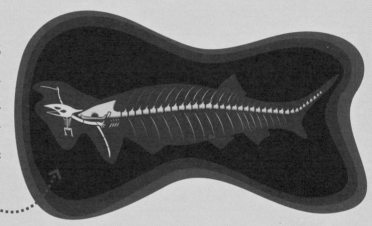

最终它们都沉入了海底，被沉积物
覆盖，变成了化石，永远陷在了挣
扎之中。

听起来有点可疑！

大眼鱼龙有一块眼骨

在从古至今的所有动物中，大眼鱼龙有着相对体型来说相当大的眼睛。

大眼鱼龙

它的体长有4米，而眼睛的直径却达到了23厘米，这有助于它在海洋深处看见东西。这是它必须具备的能力，因为它得潜到深海里去捕捉乌贼。

和其他鱼龙一样，大眼鱼龙的眼睛周围有一圈骨环，称为巩膜环。它的一部分在眼睛前面，可以保护眼球不被海水的巨大压力压扁，或甚至从头骨中被挤压出去。

尼斯湖水怪并不是蛇颈龙

有些人认为在英国苏格兰地区的尼斯湖里住着一种长脖子小脑袋的巨大动物。

关于这种生物的传说已经有千百年了，最近，人们展示了他们声称是这种"怪物"的生物照片和视频。

在那些相信怪物存在的人当中，有人说这是一只被困在湖中的蛇颈龙。这是绝对不可能的。

虽然这个湖又深又暗，是个很好的藏身之处，但一个蛇颈龙家族不可能在其他所有恐龙都灭绝很久之后，还在这个湖里存活了约6600万年。

翼龙吃东西的样子像火烈鸟

许多早期翼龙都有锋利、粗糙的牙齿用来钩住和抓住鱼，而南方翼龙则有数百颗更像鬃毛的小牙齿。

不过我更漂亮，对吧？

这些牙齿并不能用来撕咬。南方翼龙可能把它们当成过滤器，大口喝水，然后让水从它的齿梳中流出，把所有美味的"小零食"都留在它的嘴里。

现代火烈鸟和一些鲸鱼也以同样的方式进食，它们靠过滤水来获取藻类和它们爱吃的小动物。

露脊鲸的鲸须板

南方翼龙有可能是粉色的

由于南方翼龙和火烈鸟吃东西的方式相同，它们甚至可能都以甲壳类动物（如生活在水中的小盐水虾）和藻类为食。

这些食物中的化学物质让火烈鸟呈现出了粉色——也许这些物质也能让南方翼龙变成粉色!

亲爱的，这太惊人了!

但火烈鸟和南方翼龙之间并没有亲缘关系——它们只是演化方式类似罢了。这叫作趋同演化。动物通过不同的演化路线得到相同的特征，因为这些特征也许很适用于生活。

南方翼龙曾生活在现在阿根廷（属于南美洲）的湖泊附近，而今天，也有一些火烈鸟生活在南美洲。

翼龙长得有点像
会飞的长颈鹿

最大的翼龙——风神翼龙，不仅和长颈鹿一样大，
而且和其他翼龙一样有着长长的脖子。

这里还有谁觉得
尴尬吗？

翼龙的脖子通常大约是躯干的3倍长。当它站在地上的时候，它的身材比例和长颈鹿差不多。

然而，与长颈鹿不同的是，大多数翼龙不是植食者。它们大多都吃鱼，其中的一些吃昆虫或陆地上的小动物，还有些可能吃水果，但都不太可能吃树叶。

休尼鱼龙的身体比校车还要长

休尼鱼龙是一种身长能达到15米的鱼龙——比大白鲨的3倍还长，仅头部就能达到1米。

尽管体型庞大，但成年休尼鱼龙没有牙齿，而且似乎只吃软绵绵的食物，比如鱿鱼。

年幼的休尼鱼龙的口腔前部有一些牙齿，会随着它们长大而脱落。这也许能够让小休尼鱼龙吃到更多样的食物，从而比其他生物长得更快。

在美国内华达州的一个银矿产地曾发现过休尼鱼龙化石，据说当时的银矿开采者把那块巨大的脊椎骨化石当成了餐盘。

风神翼龙的速度和汽车一样快

巨大的风神翼龙可以在短时间内以约129公里每小时的速度飞行。

起飞后通过拍打翅膀加速，它能以至少90公里每小时的速度滑翔。

2010年完成的模型显示，风神翼龙可以飞到约4500米的高度。它也许能够不断地飞行13000—19000公里，还能以约130公里每小时的速度飞行7—10天。

为了研究翼龙的飞行，史密森学会在1985年雇佣了一名航空工程师，并制作了一个风神翼龙一半大小的模型机器。机器翼龙最终飞行成功了，不过这有点作弊的嫌疑，因为它的尾巴上有水平和垂直的稳定器，而真正的翼龙尾巴上没有。

海王龙有可能会用它的长鼻子把猎物打死

与其他沧龙不同的是，海王龙的鼻子末端有一块像喙一样的长骨。

大多数沧龙都会尽可能地长更多牙齿，但海王龙的牙齿仅从鼻子末端的牙床开始往后长了一点。

现代虎鲸的牙齿上方也有突出的吻端，这可能是为了保护它们的牙齿，当撞击猎物时，它们会把自己身体的重量压到吻端上猛烈地攻击。

也许海王龙会做相同的事情，把吻端当成大槌来攻击自己猎物。

楯齿龙是海龟与海象的结合体

或者只是看起来像。它们是最奇怪的海洋爬行动物之一。

楯齿龙

早期的楯齿龙,长得比较像海象。

后来的种类,例如无齿龙,全身都覆盖了可以保护自己的骨板,这让它们看起来像一只被拍扁了的海龟。

它们中的大多数都吃贝类,而且有适合把贝类从岩石中拔出来并咬碎贝壳的牙齿。

身体沉重会使它们难以在陆地上行动。它们移动缓慢,而那些没有壳的动物可能会面临被楯齿龙捕食的危险。

无齿龙的壳远超过了
它四肢的长度,因此
它长得像个飞盘。

无齿龙只有两颗牙齿,
很可能是用来过滤或
刮取海底植物的。

最大的无齿龙不到3米
长——与其他海洋爬行
动物比起来显得很小。

无齿龙

它们在陆地上产卵。而
它们的宝宝,就像现代
的海龟一样,可能不得
不逃到海里,以避免成
为捕食者的食物。

它们住在海底附近,又密又厚的骨头和骨板的
重量使它们很容易沉到海底。

捕食者X是侏罗纪 海洋里的怪物

在北极附近的挪威斯瓦尔巴群岛发现了一块巨大的
上龙化石，它最初被命名为捕食者X，因为它十分
巨大而凶猛。

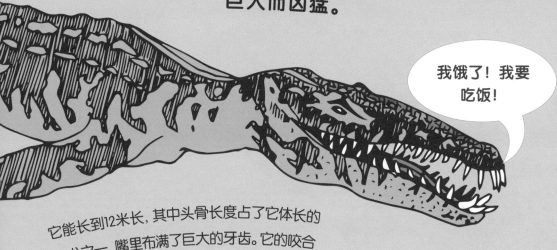

我饿了！我要吃饭！

它能长到12米长，其中头骨长度占了它体长的
六分之一，嘴里布满了巨大的牙齿。它的咬合
力大约是霸王龙的4倍。

呀！

捕食者X现在被命名为芬氏上龙，这个名字听起来
就不太像超级英雄电影中的反派了。它大到可以把
长脖子的蛇颈龙当晚餐吃。

鱼龙化石上有一条奇怪的尾巴

当鱼龙第一次被人们发现时，它的尾巴看起来像突然被大幅度地向下弯折了。

没有骨头

尾骨

这是因为下半部分尾叶有骨头的支撑，而上半部的尾叶中只有软骨（一种坚硬的物质，但比骨头稍微柔软一些）。下半部分的骨头已经变成了化石，但上半部分的软骨消失了，所以只剩下一半的尾巴。

直到人们发现了有完整尾部印痕的化石时，科学家们才知道它长着一条正常的鱼尾。

真不敢相信，你们居然觉得我长了一条奇怪的尾巴……

鱼龙全身都可能是黑的

科学家们从鱼龙的皮肤化石上发现了化学色素，这些色素说明了它们全身都可能是黑色的。

今天，许多海洋生物的背部是黑色的，而腹部是偏白色的。这是因为偏白色的腹部可以在透过海水的光线中帮助它们伪装。

然而鱼龙似乎无论背部还是腹部都是黑色的。

我好暖和啊！

黑色的外表使得海洋生物能够从靠近水面的阳光中吸收大量的能量，使自己变得温暖。到了幽深的海底，黑色的皮肤能将自己更好地隐藏在黑暗中，不被别人发现。

翼龙会不断地长大

许多动物从幼年时期开始长大，成年之后就会停止生长。

古生物学家们认为翼龙会不断地长大，直到死亡才会停止生长。也只有这样才能够解释为什么世界上存在着特别特别巨大的翼龙。

我想知道，我们之中谁长得最大呢？

翼龙宝宝在它们很小的时候就得学会如何独立生活。

我希望是我！

它们可能在破壳而出的一小段时间里就能学会飞行。对于翼龙爸爸和翼龙妈妈来说，它们不可能总在自己的巢穴附近巡视，并一直给它们爱偷懒的宝宝寻找食物。数百万年前，动物们都生活得非常艰难。

恐龙有羽毛

**许多兽脚类恐龙都长着羽毛，而现在越来越多的
证据表明，还有更多长着羽毛的恐龙。**

一些古老的羽毛，或是原始羽毛，与豪猪的鬃
毛类似——就像没有碎毛的鸟羽毛中央的
那根羽轴。较细的毛被称为细丝，是像头
发一样的丝。

有些恐龙身上只有几根鬃毛或
一缕细丝，而有些恐龙身上几
乎到处都是毛。

恐爪龙

大部分的恐龙不会利用
羽毛来飞行。这样的羽毛
主要是用来保暖的，或许
还可以让它们伪装，隐藏
在周围的环境中。

恐龙们也会被 "虱子" 咬

就像现代动物和人类一样，恐龙也会被虫子的叮咬困扰。

约1.65亿年前的一只跳蚤变成了化石，它看起来似乎死前还吸了恐龙的血。

那时候的跳蚤比现代的跳蚤要大，大约有2.5厘米长。这些看起来可怕的虫子有像锯子一样的嘴部，可以切开厚厚的兽皮。

一块保存了约1亿年的恐龙尾巴化石上甚至还有一只小 "虱子"，那是一种以大型动物的血液为食的八足昆虫。

走开，臭跳蚤，别烦我！

真美味！

恐龙的体型不止
一次地变大

**最大的恐龙之———有史以来最大的陆地动物
之———是巨大的侏罗纪蜥脚类恐龙。**

但在它们出现的3亿年前，地球上还出现
过一类大型巨龙。

原始巨龙

原始巨龙的名字意思是"第一只巨兽"，2018年，人们第一次发现了它的化石。它的模样和后来的蜥脚类恐龙很像，但它自己本身并不是蜥脚类恐龙。

它身长可达到10米，虽然远远没有侏罗纪的巨型恐龙那么大，但仍然是非常巨大的动物。原始巨龙生活在约1.9亿年前的阿根廷。后来的大型蜥脚类恐龙并不是由它演化而来的——它们的体型是独立的演化结果。

恐龙们大都很健康

只有很少的证据说明了恐龙们会生病。

在比利时发现的一群禽龙中,有两只的踝关节上患有严重的关节炎,这时常让它们感觉到疼痛。

在一些恐龙身上,人们曾经发现过疑似是癌症导致的肿块,而每一千只恐龙中就会有一只被检查出骨折。曾有一只鸭嘴龙被发现患有牙齿脓肿。

禽龙

我的脚踝又痛了!

恐龙们也有可能患上较为轻微的病,例如发烧、流感或肚子疼。但这些病症并不会体现在化石上。因此,总体上来说,恐龙比我们要健康得多。

不同的牙齿适合吃不同的食物

梁龙长着细密的、钉子一样的牙齿，用来把树叶从树枝上梳下来。

由于没有咀嚼用的牙齿，梁龙之类的蜥脚类恐龙会把植物完整地吞掉。

像霸王龙这样的肉食性恐龙有着匕首状的、残暴的牙齿，这样它们就可以把肉从那可怜的猎物身上扯下来。

肉食者的牙齿上一般都有锯齿，就像小锯子一样，这可以帮助它们把食物切小。

棘龙有锋利的圆锥形牙齿，非常适合刺穿和抓住滑溜溜的鱼。

小型的兽脚类恐龙会用它小而锋利的牙齿刺穿昆虫的硬壳。

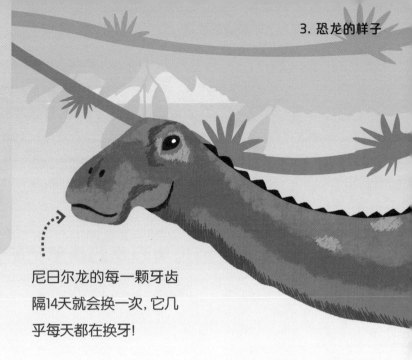

尼日尔龙的每一颗牙齿隔14天就会换一次，它几乎每天都在换牙！

大多数的恐龙在长出新牙之前只会把旧的牙齿保留一个月。

许多植食性恐龙的牙齿可以用来研磨，所以它们能够把坚硬的植物磨碎了之后再吞掉。

许多鸟臀类恐龙有着坚硬的喙，用来剪断坚硬的树枝。

如果三角龙的牙齿磨损了，它们会通过磨牙的方式让牙齿变回理想的形状。

一些恐龙的化石上
只有"笑容"

在很多时候，蜥脚类恐龙的头部化石上只剩下一排脱离了颌骨的牙。

古生物学家们喜欢叫它们"假牙"，因为这和人们在牙齿掉光之后用的假牙长得太像了。

圆顶龙

牙齿是由恐龙颌骨的结缔组织（基本上是牙龈的一部分）聚在一起的。而牙龈在圆顶龙等恐龙的身上似乎已经演化了很多年。它们形似勺子的牙齿只有顶端从牙龈中冒出来。

大型恐龙的脑袋里面可能是中空的, 至少它的脖子是中空的

对于动物来说, 太大的身体可能成为一种负担。

大块活跃的肌肉和装满食物的内脏可能产生大量的热量。恐龙们很可能曾因为身体过热而给自己带来危险, 所以它们的身体里演化出了一个散热系统。

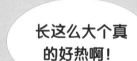

长这么大个真的好热啊!

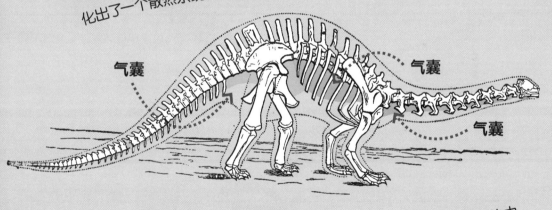

气囊

气囊

气囊

蜥脚类恐龙们采用了一种聪明的办法, 它们在体内甚至骨头的内部发育出了一些空间, 用来容纳空气。这些空间起到了散热甚至调节温度的作用。冷的空气可以进入它们的身体, 同时, 已经被捂热了的气体将从恐龙的身体里排出来。

恐龙们不会喘不过气来

肉食恐龙即使以65公里每小时的速度追逐猎物，它也不会喘不过气来。

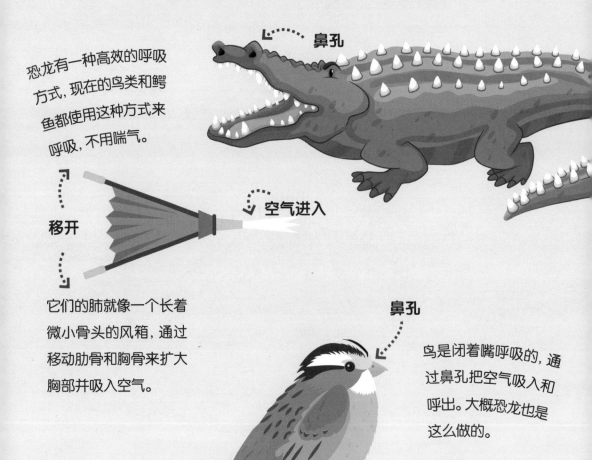

恐龙有一种高效的呼吸方式，现在的鸟类和鳄鱼都使用这种方式来呼吸，不用喘气。

鼻孔

移开

空气进入

它们的肺就像一个长着微小骨头的风箱，通过移动肋骨和胸骨来扩大胸部并吸入空气。

鼻孔

鸟是闭着嘴呼吸的，通过鼻孔把空气吸入和呼出。大概恐龙也是这么做的。

一些恐龙长了喙

鸟类的祖先长着喙也许并不奇怪——但这种喙通常更像陆龟或海龟的喙，而不是现代鸟类的喙。

像三角龙和副栉龙这样的恐龙有坚硬的喙，可以抓住并剪断它们所吃植物的枝干。

三角龙

喙是由覆盖在颌骨上的一层角蛋白形成的，这种角蛋白还可以用来组成头发和角。

它的喙就在嘴巴的前端，嘴巴里的后方是一排排磨牙，能够将它们吃的树叶磨碎。

副栉龙

恐龙也许是温血动物或冷血动物，或者更像是金枪鱼

大多数动物不是温血动物就是冷血动物。

温血动物（包括人类）能够调节自己身体的温度，无论环境的温度如何，都能够保持体温的恒定。

冷血动物的体温容易受到环境温度变化的影响。现代的爬行动物们都是冷血动物，当太阳升起温度升高的时候，它们大都活蹦乱跳的，当气温降低的时候，它们就会变得行动迟缓。

多年来，科学家们一直都在为恐龙是冷血动物还是温血动物而争执不下，但恐龙有可能并不属于这两种动物。这是因为介于两者之间还有一种"中温"动物，它们能够调节自身的体温，但同时又不太能使体温保持恒定。

金枪鱼和棱皮龟就是这样的。金枪鱼的体温会比周围的水温高一点，大概能保持在20℃左右。但当它们潜入深海的时候，体温会随着海水温度的下降而降低。

鸭嘴龙类并没有 "鸭嘴"

人们有时候会用"鸭嘴龙"来称呼与埃德蒙顿龙类似的恐龙，但它们的喙和鸭子的喙长得非常不一样。

它的嘴巴骨骼化石长得和鸭嘴非常相似，但是真正活着的恐龙的骨头上还有很多其他的覆盖物（你不会去到处展示自己的骨头，恐龙也不会）。所以真实的外形和鸭嘴可能并不一样。

埃德蒙顿龙

我是不可能"嘎嘎"叫的！

它们嘴上的角质形成了一个喙状的结构，上面有一些隆起，看起来有点像挖掘机的铲子。也许它们更应该被称为"挖掘机龙"。

115

你和恐龙的体温可能是一样的

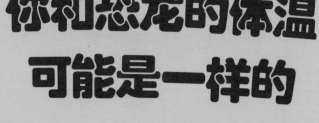

腕龙

我好热啊！

通过研究两只蜥脚类恐龙的化石——一只是腕龙，另一只是圆顶龙——科学家们发现恐龙们的体温应该有36—38℃。

就比我热一点点而已嘛……

这个温度和人的体温非常接近！一个健康人的体温一般为36.0—37.0℃（腋温）。

人类是温血动物，也就是说，你的身体可以自主调节体温。恐龙们有可能是温血动物，但也有可能是冷血动物，可以通过晒太阳来调节体温。

恐龙呼出的气超级臭，臭得令人窒息！

大型肉食性恐龙，如食肉牛龙和霸王龙，它们的牙齿缝里经常卡着肉碎，这对细菌来说可是大大的美味。细菌爬到了肉碎里以后，会让肉碎腐烂，于是恐龙的嘴巴就变得很臭很臭。

食肉牛龙

我敢说你快要吐了……

但是气味并不是最糟糕的部分。更重要的是，下一次它去捕食的时候，这些细菌会转移到被捕食恐龙的伤口中。

即使那只恐龙成功地逃走了，这些细菌也会使得它的伤口溃烂，还可能让它生病。到那个时候，想要抓它的恐龙说不定会回来……

117

我们能通过恐龙的便便化石知道它们吃了什么

粪便化石是恐龙还没消化完的食物形成的。它们可能是恐龙身体里的食物变成的化石，也有可能是在身体外面的另一种东西——粪便——变成的化石。

恐龙牙齿的化石能告诉我们它们适合吃什么，恐龙的粪便化石则告诉我们它们真正吃掉了什么。

粪便化石

通过研究鸭嘴龙的粪便化石，科学家们发现它们并不只是植食动物，它们有时候还会吃螃蟹和虾之类的甲壳类动物，以及藏有昆虫的腐烂木头。

这些食物含有丰富的钙，也就是卵生恐龙在生蛋的时候用来筑成蛋壳的物质。

恐龙们是踮着脚走路的

兽脚类恐龙只用它们的脚尖接触地面，这让它们的脚踝看起来像是腿的一部分。

我们跑得可太太太太快了！！

第一趾就长在脚踝的下面，但离地面还有一段距离，其他的三个脚趾是分散的。（它们只有四个脚趾）

这样的脚让恐龙们获得了特别快的速度。

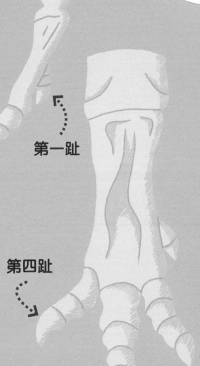

第一趾

它们的脚趾比我们的更加分散，看起来更像是鸟类的脚。

事实上，蜥脚类恐龙也是踮着脚走路的，尽管这看起来并不明显。（见第150页）

第四趾

第二趾

第三趾

119

大型恐龙的体温会比小型恐龙的体温高

通过研究恐龙蛋壳化石里的化学物质，我们知道了小型恐龙，例如窃蛋龙的体温一般约为32℃。而大型恐龙，例如巨龙类（一类巨大的蜥脚类恐龙）的体温会高一些，一般约为38℃，这和现代哺乳动物的体温非常接近。

哎……今天很冷啊！

窃蛋龙

腕龙

有没有龙能发明个雪糕啊？

小型恐龙可能有意将它们的体温维持在一个更低的温度，尽管今天所有的哺乳动物，从老鼠到鲸鱼，无论体型大小，都把体温维持在同一个温度。

而大型恐龙可能会因为体型太大而过热。所以它们需要面对的问题并不是如何让自己变暖，而是如何让自己更凉快。

兽脚类恐龙可以把手掌合起来

到目前为止，博物馆里展出的恐龙化石和一些兽脚类恐龙的复原图像中，它们的"手掌"是朝下摆放的，似乎它们能够用四肢走路（如果它们的"手臂"够长的话）。

但是保存完好的骨架化石所展现出的结构、位置，却告诉我们它们的"手掌"并不是朝下的，而是相对着的。所以恐龙们是可以鼓掌的。

但是它们鼓掌并不是为了庆祝，而是为了用"手"拍打成为了食物的倒霉动物，然后吃掉。

快过来，小蜥蜴点心！

我还以为你很高兴见到我呢！

似鸟龙

羽毛、皮毛、鳞片、皮肤

一些恐龙有着和鹅毛一样的简单羽毛。

许多长着羽毛的恐龙都是肉食的兽脚类恐龙。（和霸王龙比较像的恐龙）

恐爪龙

约2.5亿年前，恐龙的祖先身上就长出了羽毛。

一些小恐龙的身上可能覆盖了绒毛。

原角龙

有的恐龙身上有硬硬的鳞片，就像鸟脚上和蜥蜴身上的皮肤那样。

古林达奔龙

像古林达奔龙一类的恐龙, 有分布在身体不同部位的羽毛和鳞片。

有些恐龙身上有板状的骨头, 这种骨头被称为皮内成骨。

一些巨龙类 (巨大的蜥脚类恐龙) 的皮肤上还长出了中空的骨板。

甲龙

而在甲龙的身上, 这些皮内成骨会长得特别大, 用来保护甲龙, 让它少受伤。

许多恐龙的皮肤上会长一些小瘤子, 这些突出来的小肿块会让它们的皮肤变得疙疙瘩瘩的。

蜥脚类恐龙会把自己的尾巴当成鞭子

梁龙长着长长的、尖端细细的尾巴。

古生物学家们相信它们会快速地抽动自己的尾巴，而尾巴的尖端会击破音障，发出破碎、爆炸的声音。

这让原始森林里的回声变得更加复杂，不仅有嚎叫声、鸣声、动物们吸鼻子的声音，还有恐龙尾巴时不时发出的劈啪声。

巨型恐龙生的蛋 超级小

你的蛋可一点都不精致！

我真精致！

目前世界上最大的蛋是鸵鸟蛋。鸵鸟是一种特别大的鸟，身高超过了2米。但是它的蛋的长度只有约15厘米，这和鸵鸟本身的身材比起来小得多。

巨型蜥脚类恐龙身长可达到约33米，比鸵鸟大很多很多。

但它们的蛋只比鸵鸟蛋大一点点，长度只有约18厘米。这意味着刚出生的小恐龙比它们的爸爸妈妈小太多了，于是就很容易遇到磕磕碰碰的危险，或者被其他捕食者吃掉。

有些恐龙拥有骨板

甲龙类是一群矮矮胖胖的、长得很大的恐龙。它们只吃植物，而且是把自己保护得最好的恐龙之一。

它们的身体上覆盖着一层形状和大小都不一致的骨板（皮内成骨），还有可以用来防御的尖刺。

甲龙类

这装备是我先有的！

防护板可太棒了！

还有些种类的恐龙在尾巴的末端有骨骼构成的尾锤，于是它们可以用力地摆动尾巴来击退攻击者。

甚至甲龙类的眼皮上也长有骨板，它们的每一寸皮肤几乎都被保护得严严实实。

恐龙也有头皮屑

约1.25亿年前，在中国的陆地上生活着一种恐龙，它们身上不仅覆盖着羽毛，而且还有皮屑。

这些已经石化了的小片片，只有一层细胞那么厚，和恐龙死去的身体已经分离开了。它们从恐龙的身上脱离下来，却被恐龙的羽毛缠住了。

谁都有头皮屑啦！

尽管恐龙身上还有其他长着鳞片的地方，但它们长在羽毛或者绒毛下的皮肤和现代鸟类以及哺乳动物的皮肤非常相似，也比鳞片要薄许多。鳞片状的皮肤会大块大块地脱落，而这些薄的皮肤则会变成薄薄的皮屑掉下来。

一些恐龙用它们的爪子挖洞

恐爪龙和重爪龙等凶猛的兽脚类恐龙的武器就是它们的爪子,而一些植食性恐龙也有非常大的爪子。

根据研究,它们爪子的形状和掠食性兽脚类的爪子形状不一样,它们的爪子是用来拉扯食物,或者在地上挖洞的。

懒爪龙

我希望能有一个指甲刷。

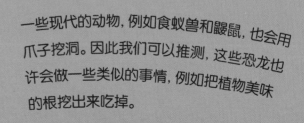

一些现代的动物,例如食蚁兽和鼹鼠,也会用爪子挖洞。因此我们可以推测,这些恐龙也许会做一些类似的事情,例如把植物美味的根挖出来吃掉。

恐龙在捕猎的时候
视力比鹰还要好

伤齿龙和霸王龙这类捕食者的眼睛在头的正前方。

霸王龙

它们眼睛能看见的区域有45—60度的重叠，这不仅让它们拥有了双眼视觉，更有助于它们判断距离——如果你正扑向可能逃跑的食物，这对你来说就非常重要了。

像鹰这样的猛禽，它们的眼睛也长在狭窄的脑袋的前方。

三角龙

像三角龙这样的植食性恐龙必须时刻提防着捕食者，所以需要更广阔的视野。它们的眼睛长在头的两侧，几乎可以看到周围的所有地方。它们不需要双眼视觉，因为它们的食物——植物不会逃跑。

恐龙们可能会,也可能不会吞食石头

科学家们从前认为植食性恐龙会故意吞食石头。

嗯!外面又脆又硬,里面也是。

这些石头和食物一起在它们的胃里翻滚,帮助分解难以消化的植物坚硬的部分。

虽然人们在恐龙的肋骨之间发现了一些石头,这些石头也确实在它们的肚子里,但还有一些圆形的石头,在石化过程中就已经存在了,根本没被吞进过肚子里。

人们甚至不能确定恐龙是不是故意吞下这些石头的。它们可能只是在吃一些低矮的灌木植物时不小心把它们铲进了肚子里。

鱼鸟能够像鸟儿一样啄食, 也可以像恐龙一样撕咬

鱼鸟是一种早期鸟类, 它们长得和现代的一种海鸟—— 燕鸥——有点像。

鱼鸟生活在约8700万到8200万年前, 属于鸟恐龙。它的喙和现代鸟类的喙一样, 它可以抬起上喙而不移动头骨的其余部分, 所以能够用喙来打理自己, 还能捡拾物品。更厉害的是, 它的喙里有强壮的颌肌和牙齿, 所以除了能够啄食, 还能够撕咬食物。

这种更像恐龙的鸟类有着约60厘米的翅展, 还可能会飞。但它的脑子和鸟的脑子差不多 (看起来不太聪明)。鱼鸟的出现让我们一窥演化过程中, 夹在非鸟恐龙和真正的鸟类之间的过渡阶段。

喂, 你说谁是笨蛋呢?

鱼鸟

恐龙们不会吐舌头

它们并不需要贴邮票，也不是非得舔雪糕，
所以应该没什么关系吧。

它们的舌头很可能和今天的鳄鱼、短吻鳄类的舌头一样，都是长在口腔底部的。

食肉牛龙

人类真幼稚！

这是根据它们支撑舌头的骨头形状推测出来的。

因为恐龙的舌头动得不多，所以很可能只用来把食物吞下去，而不是像人类一样让食物在嘴里翻转。可能只有鸭嘴龙类和甲龙类能比较灵活地动舌头，因为它们需要用舌头把植物塞进嘴里。

闪着七色光的恐龙
其实是黑色的

一些长着蓝黑色羽毛的恐龙会闪烁出不同色调的光，和现代的乌鸦或八哥有点像。

来自中国的小盗龙的羽毛就是"五彩斑斓的黑色"。

小盗龙

巨嵴彩虹龙

更漂亮的是，中国巨嵴彩虹龙的羽毛会在阳光下闪耀，就像蜂鸟的羽毛一样。这是因为它头部、胸部和部分尾部羽毛上的色素细胞与蜂鸟喉部明亮的宝石色羽毛色素细胞相同。

这种彩虹色是光在羽毛上掠过产生的效果，就像光透过玻璃棱镜被分解了一样。

恐龙们不会栖息在树枝上

尽管鸟类是恐龙的后代，但非鸟恐龙们并不能够像鸟儿一样用爪子抓住树枝。

在成为鸟类的演化之路上，恐龙先辈们把其中一根脚趾的形状演化成了能抓住树枝的样子。

这根原本悬于上方的脚趾移了下来，并且向后弯曲，这使得它的朝向与其他三趾相反。

一只兽脚类恐龙有四根脚趾，其中一趾长在脚后跟上方。这对于想要跑得飞快的动物来说是一件非常有利的事情，但如果想要弯曲趾头来抓住树枝，这就不是什么好事了。

看看你的手吧，你的大拇指和其他几根指头的朝向不同，这让你能够很好地用手握住东西。而想要变成鸟儿，恐龙们必须用脚趾头做到这一点。

肿头龙有一顶内置的"安全帽"

肿头龙有一个由骨头形成的"头盔",用来保护它们本来就不大的脑子。

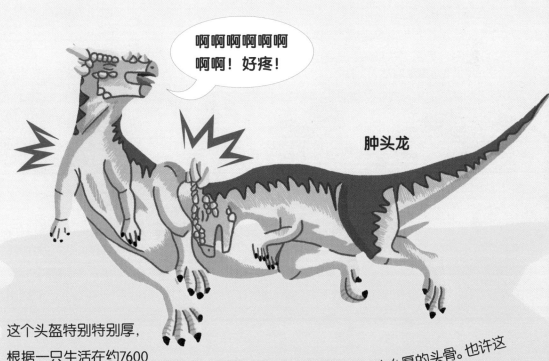

啊啊啊啊啊啊啊啊!好疼!

肿头龙

这个头盔特别特别厚,根据一只生活在约7600万年到6500万年前的北美洲肿头龙化石,它的头骨最厚可以达到16厘米。

没有人知道它为什么长了一个这么厚的头骨。也许这是为了自我保护,可以用头大力地撞想要攻击它的动物。又或者,这是用来和另一只肿头龙决斗的。

背上长着帆状物的恐龙，帆会随着年纪增加而长大

无畏龙的背上长着一个大大的帆，尤其是长大之后，这个帆就更大了。

三岁以前，无畏龙长得都非常普通，三岁以后，它们背上的帆就开始长大了。

无畏龙

古生物学家们认为，无畏龙的帆是为了让它们在同类中看起来更加出众，也和它们的求偶行为有关。

小无畏龙并不需要背帆，可当它们成年后，背上的帆对它们找到各自的男女朋友来说就非常重要了，会直接影响到它们能否组建家庭、养育后代。

始祖鸟全身几乎都是黑色的

一般来说，羽毛化石的颜色会和镶嵌它的岩石颜色非常接近。如果这块石头是棕色的，那么这根羽毛化石也是棕色的，但是这并不能说明这根羽毛的主人也是棕色的。

有时候，科学家们能在羽毛或者皮肤化石上找到一些色素细胞，顺着这条线索，他们能够弄明白恐龙们活着的时候是什么颜色的。

乌鸦

通过和现代生物的色素细胞进行匹配，科学家们终于重现了它们往日的辉煌。

始祖鸟

始祖鸟是生活在约1.5亿年前的带毛恐龙，人们最初是在德国发现了它。它长着黑色的羽毛，和如今的乌鸦差不多大，但是比乌鸦多了嘴里的牙齿和长长的尾巴。

三种长得截然不同的 恐龙原来可能是同 一种恐龙

至今为止，还没有人发现过肿头龙宝宝的化石， 也没有人找到过成年后的龙王龙和冥河龙。

无一例外，它们都有着厚厚的、坚硬的头骨。

冥河龙

肿头龙

它们生活的时期也是一 样的，都是约7000万 年前。地点也都是现 在的北美洲。

所以，谁是 大笨蛋呢*？

龙王龙

古生物学家们现在认为它们可能是同一种恐龙，只是在 一生的不同阶段有着不同形状的头部。幼年时期是龙 王龙的样子，再长大一点就变成了冥河龙的样子，成 年之后就变成了看起来笨笨的肿头龙的样子。

---

*译者注: 原文是 "Who's the biggest bone-head then"，在英文中 "bone-head" 有笨蛋的意思。

鸟恐龙可能一被孵化就能自由活动了

现代鸟类刚孵化出来的时候要么浑身光秃秃的，一根羽毛都没有，要么长满细细的绒毛。

你怎么知道我们能飞了？

那些没有羽毛的鸟儿只能待在巢里，等着它们的爸爸妈妈叼来食物喂它们，直到它们长出羽毛。长了绒毛的小鸟能够在巢穴附近活动，但还是得等到真正的羽毛长出来了才能够飞翔。

在中国发现的早期鸟类——反鸟，似乎一破壳而出，就有了飞翔的能力。

一只保存在琥珀中的雏鸟，尽管才刚出生几天，但它已经具有了飞羽和尾羽。

蜥脚类恐龙能够浮在水面上

如果你把一只活的蜥脚类恐龙丢到水里，它可以非常轻松地浮起来。

它们的身体和骨头等各个部位的气囊让它们的密度小于大多数的动物。

那我去划我自己好了，谢谢你啊！

很久以前，人们觉得蜥脚类恐龙可能会为了支撑自己的体重，花很长一段时间待在水里。但事实上，它们在水里很可能会站不稳，而且会尽量远离深水区域。

让它们涉水没有什么问题，但如果是游泳的话，它们很容易把自己翻过来。

长着四个翅膀的恐龙可能像双翼飞机那样飞行

一些小型的恐龙，例如小盗龙——一种约1.2亿年前生活在中国的恐龙，长着两对翅膀（和有羽毛的尾巴）。

小盗龙的"双手双脚"上长着又密又长的羽毛，从顶端一直延伸到末端。

小盗龙

我是鸟吗？还是飞机？都不是！当时这些东西都还不存在呢。

这些羽毛非常茂密，使它们能够自由飞翔。通过扇动翅膀，小盗龙很有可能做到滑翔和强有力地飞翔。它们甚至能够像现代的鸟类那样从地上起飞。

蜥脚类恐龙的身体又平又直

蜥脚类恐龙过去常常被画成昂着头咀嚼树顶上的树叶的样子。

现在,科学家们认为,它们通常会把脖子笔直地往身体前面伸,像一根房梁一样——而尾巴则笔直地往身体后面伸。

有些恐龙的脖子和尾巴有点歪,但整体仍然呈一条直线。只有一小部分恐龙,例如腕龙,会在大部分时间里把头抬起来。

马门溪龙

它们可以左右摆动脑袋,可能还会朝地面探头,但走路时不会笔直地往上竖着脖子。

没有人知道这些颈盾是用来干什么的

三角龙不是唯一脑袋上长了颈盾的恐龙（见第194页）。

其他的角龙头上也有颈盾，有些比三角龙头上的还要好看。但科学家们并不知道这些颈盾是用来干什么的。

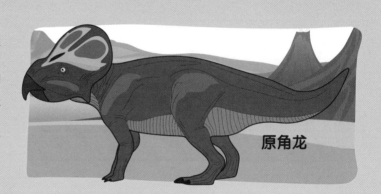

原角龙

这些颈盾有可能是用来帮助它们散热的，温热的血液从颈盾中的血管中流过时，外部吹过的风能让这些血液降降温。

我希望全身都有颈盾！

三角龙

又或者，这些颈盾能让恐龙在同类中看起来更有吸引力，或者对入侵者和捕食者起到警告和恐吓的作用。颈盾的皮肤下有骨骼的支撑，这让这些颈盾更为坚硬。

143

和大树一样，恐龙的骨头上也有年轮

树干是年复一年一层一层长成的。

想要知道一棵树的年龄，只要数一数树干上的年轮有几圈。如果树干上有二十个圈，这就说明这棵树已经有二十岁了。

骨头的年龄也可以通过这个方法数出来。只要数一数骨头有多少层，就可以知道这个动物的年龄。但是很明显，如果你在一只动物活着的时候就这么干，它一定会特别生气。所以这只动物最好已经变成了化石（包括恐龙）。

副栉龙

想都不要想！

2009年发现的一只副栉龙身长大约有2米，但是从它的骨头来看它还不到一岁。一只巨大的宝宝！

有些恐龙生的蛋很漂亮

尽管鳄鱼和现代爬行动物们生的蛋都是无聊的
白色的，但至少有部分恐龙生下的蛋是明亮
而活泼的红色、褐色、蓝色和绿色的。

科学家们检测了恐龙蛋化石，发现了它们有一些现代鸟蛋上有的色素，这就是它们显示出红棕色或者蓝绿色的原因了。恐龙甚至会生下有花纹，或者有斑点的蛋。

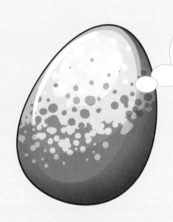

如果我外表是红色的，那会是怎样的呢？

窃蛋龙

只有和鸟类非常相近的恐龙会生下明亮颜色的蛋。像三角龙和梁龙，就只能生下灰灰的、长相平平无奇的蛋。

鸟类是恐龙

小盗龙

和鸟类一样，许多兽脚
类恐龙都有飞羽、廓羽
和绒羽。

这种生活在约6500万年
前的恐龙被称为非鸟
恐龙。

现代的鸟类都源于
兽脚类恐龙，霸王
龙和伶盗龙也属于
兽脚类恐龙。

霸王龙

和鸟类不一样，兽
脚类恐龙的嘴里
有牙齿，而且尾巴
里有骨头支撑。

伶盗龙

和鸟类相同的是，兽
脚类恐龙也是用两
只脚走路的。

最早的鸟恐龙很可能是通过在地面上奔跑，然后起飞的，由此能够做到短时间的滑翔或飞行。

直到约1.5亿年前，它们终于演化成了鸟类。

小盗龙

鱼鸟

小型的兽脚类恐龙，如小盗龙和近鸟龙，就和现代的鸟类很像。

近鸟龙

有些现代的鸟类和典型的兽脚类恐龙长得就非常像，例如鸵鸟。

鸵鸟

147

蜥脚类恐龙长了两双健步鞋一样的脚

蜥脚类恐龙的前脚上没有可见的脚趾头，
只有一根长了指甲或者爪子的指头。

由于前脚上没有肉质"垫"，这些脚趾骨聚集在一起形成了马蹄形。

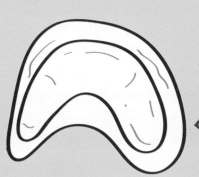

马蹄形

最大的恐龙之一，巨龙类，没有任何指骨，而是靠前脚脚骨的末端（就像手背上的骨头一样）行走。这很诡异（听起来就很不舒服）。它们还需要坚韧的皮肤——显然已经有了。

谁需要脚趾头了？

巨龙

有些蜥脚类动物的前脚皮肤上可能有尖刺，就像跑鞋上的尖刺，可以防止它们在泥地里或草地上打滑。

有些鸭嘴龙长了差不多 1000颗牙齿

鸭嘴龙的喙里并没有牙齿，可它嘴巴后端却有着将近一千颗的牙齿"储备"，而且这些牙齿长得特别奇怪。

鸭嘴龙的牙齿长得特别密集，牙齿之间几乎没有一点空隙，看起来就像一颗巨大的超级牙齿。

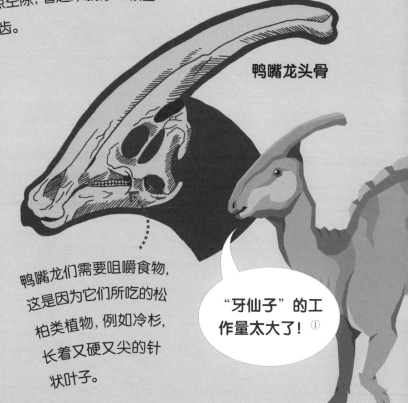

鸭嘴龙头骨

让我们来看看人的牙齿，在坚硬的牙釉质和牙本质里面其实是软软的泥状的牙髓。而鸭嘴龙的牙齿在它们从牙龈中长出来之前就已经死掉，硬化了。所以牙齿就算在鸭嘴龙咀嚼的时候被食物硌掉，也不会使鸭嘴龙受伤。

鸭嘴龙们需要咀嚼食物，这是因为它们所吃的松柏类植物，例如冷杉，长着又硬又尖的针状叶子。

"牙仙子"的工作量太大了！①

---

① 编者注：在欧美等国家的传说中，当孩子们的乳牙脱落后，牙仙子会在孩子们睡觉时带走这颗牙齿。

三三两两出现的 指头

**普通人的每只手或者脚上都有五根指头，
但恐龙与我们不一样。**

大型蜥脚类恐龙的后脚上有五根指头，并且都非常紧凑地聚集在一起，所以看不出单独的脚趾头。而前脚有时候根本看不出来有脚趾头。

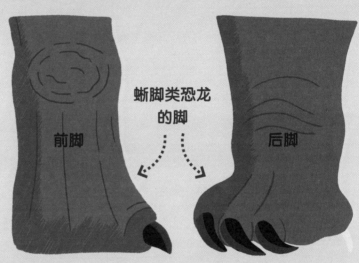

蜥脚类恐龙
的脚

前脚

后脚

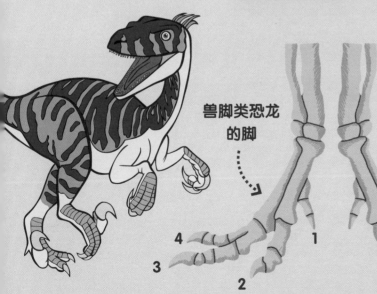

兽脚类恐龙
的脚

兽脚类恐龙，例如霸王龙，它们的后脚和鸟类的脚相似。它们只用三根脚趾（第二、三和四趾）走路，有些只用两根脚趾（第三和第四趾）走路。

4

1

3

2

许多博物馆把甲龙和剑龙摆错了

下次你去博物馆看到安装好的甲龙或者剑龙化石时，可以观察一下它的前脚掌。

大多数的博物馆在摆放它们的时候，都会把它们的指头摊开。但它们活着的时候，指头并不是这样摆放的。

甲龙和剑龙的前脚和蜥脚类恐龙的前脚是一样的，前脚的骨骼都排列成一个半圆形，并且在它们行走的时候承担身体的大部分重量。

剑龙

甲龙

这些短短的指头并不是用来蹭地的。其中一些指头的末端是坚硬的蹄子，让这些动物可以很有效地依靠指尖行走——就像芭蕾舞演员用脚尖跳舞那样。

坚硬或柔软的恐龙身躯

恐龙们并不愚蠢，尽管它们中的一些长着小小的脑子（看起来不太聪明），而另一些则很聪明。

那些跑得很快的恐龙有比较短的股骨，和比较长的小腿骨。

恐龙没有膝盖。

兽脚类恐龙后脚上的骨头紧紧地挤在一起，就像一根杆子。

骨骼外的一圈生长休止线能够证实这只恐龙已经停止了生长（也就是它已经成年了），这对于恐龙学家来说是非常有用的。

板龙能够握紧它的拳头。

板龙

在恐龙的骨头上，我们能看见大大小小的损伤，甚至可能有关节炎留下的痕迹。

看，这只恐龙的牙齿有问题！

就算是最大的蜥脚类恐龙也只能长到约40岁，之后就不会再变大了。

恐龙的尾巴附近没有第二个大脑。

蜥脚类恐龙的脚踝很短——所以它们没办法翘脚尖。

153